JC総研ブックレット　No.16

中山間直接支払制度と農山村再生

橋口 卓也◇著
小田切 徳美◇監修

Ⅰ　はじめに

２０００（平成12）年度から始まった中山間地域等直接支払制度（以下、適宜「中山間直払い」あるいは単に「当制度」や「制度」と称します）は、5年間を一期とする第3期対策の期間を終え、２０１５（平成27）年度から第4期目が開始されています。制度自体に対する現場からの評価も高く、これまでは比較的安定的な取り組みが行われてきたと評価できそうです。この中山間直払いをめぐっては、近年、枠組みの変化がありました。２０１４年度から、「日本型直接支払制度」が創設されたことに伴い、その中に組み込まれることになったのです。中山間直払い自体の仕組みそのものが大きく変わったわけでありませんが、重要な点は、日本型直接支払の法制化（それを担保する法律は「農業の有する多面的機能の発揮の促進に関する法律」）により、これまで中山間直払いの仕組みの安定化・持続性を求める現場の念願がかなったことでした。

もちろん、それまでの中山間直払いについて、法的根拠が全くなかったというわけではありません。１９９９（平成11）年にできた食料・農業・農村基本法の第25条2項には、「国は、中山間地域等においては、適切な農業生産活動が継続的に行われるよう農業の生産条件に関する不利を補正するための支援を行うこと等により、多面的機能の確保を特に図るための施策を講ずるものとする」と記されています。一般的には、この文言が中山間直払いの根拠とされていますが、必ずしも現行の制度そのものを明示的に指しているわけではありません。この点が中山間直払いの永続性への不安を呼び、特に制度実施の現場から、あるいは国政の場では与野党問わずに、中山間直払いの法制化が唱えられてきたのです。

そのような制度をめぐる環境の変化の一方で、制度に取り組む農業者や市町村の担当者の間から聞こえてくるのは、「第3期対策までは何とか取り組んできたが、これからの5年間は、さすがに厳しい」といった言葉です。「第4期対策に取り組めても、もうこれが限界。後継者もいないし、周りも同じような状況だ」といった悲壮な声を聞くことも少なくありません。

繰り返しになりますが、中山間直払いは法的な安定性が確保された一方で、実際に制度に取り組む現場からは、制度に則った営農活動を維持し続けられるかという不安が広がり、その懸念が制度発足後15年以上経って顕在化しつつあるというのが大局的な状況だと言うことができそうです。

様々な議論を得て中山間直払いが開始された当時、この制度が色々な画期的な仕組みを持っていたこともあり、大いに注目され期待が集まりました。以下、改めて中山間直払いの実施に至る経緯や制度が始まった当時の議論を簡単に振り返り、これまでの実績の推移についても確認していきたいと思います。その上で、この制度実施を期に、地域の活性化活動に本格的に取り組んできた3つの地域を事例として、その取組み内容を紹介しつつ、そこからいかなる教訓が得られるのか検討していくことにします。

Ⅱ　中山間地域等直接支払制度の背景と特徴

1　制度実施に至る経緯

中山間直払いの現状を見る前に、少し時代を遡りますが、制度実施に至った経緯を振り返ることにしたいと思います。というのは、ＴＰＰ（環太平洋パートナーシップ協定）の大筋合意の内容等が報じられる中で、中山間地域の農業者にも大きな動揺が発生する一方、戦略的作物の導入や高付加価値化によって、輸出をも目指した攻めの農業を展開すべきであり、むしろ中山間地域には大きな可能性が秘められているといった見解も聞かれるようになっています。さらには近年急増しつつある外国人観光客の受け入れの場として、中山間地域こそが魅力的な場だといったことも喧伝されつつあります。そのような今こそ、改めて中山間地域がどのように政策の上で位置付けられてきたのか確認することが重要だと思われるからです。

そもそも〝中山間地域〟という言葉自体も、一般に使われるものとしては、それほど古いものではありません。現行の中山間直払いの導入に関わる議論と中山間地域という言葉が浸透するのは軌を一にしていたと言えるでしょう。それは概ね１９８０年代後半からです。農業政策の上では、１９８６（昭和61）年の11月に農政審議会報告『21世紀に向けての農政の基本方向―農業の生産性向上と合理的な農産物価格の形成を目指して―』が出され、いわゆる〝国際化対応農政〟が本格化する時期です。その年の4月には、当時の中曽根総理大臣の諮問機関であった国際協調のための経済構造調整研究会によって、〝市場原理〟や〝規制緩和〟、〝グローバルな視点〟などを旗印とする『前川レポート』が公表され、農政審報告は、この前川レポートに対応したものでもありました。また1986年は、ガット・ウルグアイラウンドが開始された年でもあります。つまり、国際化が進む中でコストの安い効率的な農業を推進する必要があるが、一方で市場原理を貫いた場合に生き残りが厳しい条件の悪い地域もある。そのような地域への特別な対策が必要であろうという理由でクローズアップされてきたのが〝中山間地域問題〟だったのです。もっと以前から〝過疎問題〟も重要な地域問題とされてはきましたが、人口減少や若者の流出に対する危機意識のみならず、農地の潰廃の進行や集落機能の脆弱化、それに伴う地域資源管理機能の低下といった現象まで視野に入れて、より一層厳しい認識が示され始めたと言ってよいでしょう。

このように、中山間地域問題が注目されるようになった一方、政策対応としては、特にヨーロッパ諸国の条件不利地域対策が先駆的事例として紹介されることになりました。ただし、その際には〝直接所得補償〟という文言が一人歩きし、「農家自身が生活保護的な給付金の受給は望んでいないのではないか」といった声も聞かれました。このような中、1993（平成5）年には、特定農山村法（特定農山村地域における農林業等の活性化のための基盤整備の促進に関する法律）が成立し、本格的な条件不利地域対策が始まったかのように見えました。ただし、この特定農山村法は農業生産の条件不利性を認識しながらも、それを直接的に補正・是正するような施策を位置づけてはいませんでした。より根本的には、特定農山村を必ずしも絶対的な条件不利地域とは認めておらず、平地にない条件を生かすこと次第で高付加価値・高収益性の農業生産が可能であるという考えが背景にあったのです。今、一部で言われている意見とも共通性があります。

当時、その少し前までは日本全体がバブル経済に沸いており、農山村地域の多くでリゾート開発などの浮ついた話が広がっていたこととも無関係ではないでしょう。さらに、その時はまだ市町村合併の動きが本格化する前で、市町村農業公社や自治体が出資する第三セクターなどが、条件の悪い地域の農林地を保全する救世主として期待されていたといった時代背景もありました。このような組織への支援をもって〝日本型デカップリング〟と称する見解なども含めて、種々の議論が展開されていた時期だと言ってよいかと思われます。

いずれにせよ、中山間直払いの導入までには、中山間地域農業のあり方をめぐって現在と類似した議論がなされていたこと、そのような議論を経たうえで、なお最終的に「農業の生産条件に関する不利を補正する」という観点から、制度が実施されるに至ったということを再確認しておきたいと思います。

2　制度の枠組みと特徴

次に改めて、制度の枠組みと特徴を整理してみたいと思います。そもそも、中山間直払いは、地目別に農地の傾斜度という生産条件の不利性の指標を第1の要件として、そこでいかなる農産物を作っているかといったことに関係なく、直接、農地の耕作者・管理者へ交付金を支出するという点が最大のポイントです。そして、交付金の単価は、平場との生産コストの差の8割を埋めるものとされています。このことを前提とした上で、特に他の農水省の補助金などと比較して、大きな特徴があるとされています。「集落重点主義」「農家非選別主義」「地方裁量主義」「予算の単年度主義からの脱却」「制度の自己デザイン性」といった点です（注1）。

これらについて、もう少し詳しく説明したいと思います。まずは、「集落重点主義」ということについては、原則として「集落協定」が位置づけられ（「個別協定」もありますが、極めて例外的です）、この集落協定参加者が共同で取り組む活動（共同取組活動）に交付金の一定割合を充当することが想定されています（ただし、この点については、中途で農水省の方針に変更があり、後に言及します）。このように集落協定を位置付けたという点は、条件不利地域政策の先進地と言われているヨーロッパとも比較して、特にわが国の制度の大きな特徴として強調される部分でもあります。さらに、生産者の規模や年齢などに制限をつけていないという点で「農家非選別主義」ということです。そもそも、農家や生産者でなくとも集落協定に参加することもできます。

「地方裁量主義」としては、市町村長による協定の認定が必要であり、かつそこでは裁量が認められています。また、知事特認という制度も仕組まれており、原則として決められている地域振興立法8法の指定地域以外の農地も対象とすることができます。さらに、県段階での基金積み立てなどの形で、あるいは集落協定の段階で共同取組活動分をプールする形で、いわば「予算の単年度主義からの脱却」が可能となっています。「制度の自己デザイン性」というのは、当制度を導入した様々な現地実態の中で、創意工夫を発揮し、知恵を集めた教訓的な多くの活動が生まれてきたことを指しています。その取り組み内容は、「農水省→県→市町村→集落」へといった具合に、一方的に上意下達のように伝えられたというよりも、むしろインターネット上での情報交換を含めて、横と横のネットワークを通じて各地の取り組みが相互に紹介されたりしながら、政策が広まっていったということも特徴として付け加えてよいと思われます。その一部は、本著の後半でご紹介することになります。

（注1）小田切徳美「直接支払制度の特徴と集落協定の実態」（『21世紀の日本を考える』第14号、農山漁村文化協会、2001年8月、6～7ページ）などによります。

3　制度の主な変更点

ただし、15年間以上の期間にわたって、制度が全く変更なく実施されてきた訳ではありません。ここで、**表1**に中山間直払いの主な変更点を整理しました。

このうち、特に大きな変化だったと考えられるのは、第2期対策開始時に導入された単価の2段階の設定です。「制度の仕組み」として以下の6つの柱が示されていますが、「対象地域及び対象農地」「対象行為」「対象者」「単価」「地方公共団体の役割」「期間」の中で、2番目の「対象行為」と4番目の「単価」に変更が加えられることになりました。先述のように、当制度では原則として集落協定の締結が義務付けられていますが、まず第1期対策で「任意的事項」とされてきた集落の将来像の明確化（いわゆる「集落マスタープラン」の作成）が必須とされ、その上で5年間の協定期間の耕作放棄発生の抑止という基本的な活動に加え、農業生産活動の持続的な〝体制整

表1　中山間直払いの主な変更点

期	年度	主な変更点
第1期	2000年度	（制度開始）
第2期	2005年度	・「通常単価」（8割単価）と「体制整備単価」（10割）の2段階の単価を設定 ・「土地利用調整」、「耕作放棄地復旧」、「法人設立」の各加算措置の新設
第3期	2010年度	・体制整備単価要件の変更＝「C要件」（集団的サポート型）の追加 ・「小規模・高齢化集落支援加算」の新設 ・団地要件の緩和
	2013年度	・「集落連携促進加算」の新設
第4期	2015年度	・「B要件」の変更＝旧来のB要件をA要件に再編し、女性・若者等の参画を得た取組をB要件として新設 ・「集落連携・機能維持加算」の新設 ・「超急傾斜農地保全管理加算」の新設 ・交付金返還免除要件の緩和

出典：「中山間地域等直接支払制度に関する第三者委員会」提出各種資料等（農林水産省ホームページより）を参照して筆者作成。

備〟という要件を満たした協定と、満たさない協定とでは、交付金単価に差をつけるというものでした。前者にとどまった場合には第1期の8割しか交付されないということになったのです。新たに〝体制整備〟という難しい取り組みにチャレンジする場合に2割〝増〟というのならともかく、これまで通りの活動だと2割〝減〟ということで、現場にとっては厳しい措置だったと言えるでしょう。

その一方で、各種の加算措置が拡充されました。第1期では「規模拡大」のみでしたが、第2期から設けられた加算措置として「土地利用調整」「耕作放棄地復旧」「法人設立」があります。これらは将来も営農が持続できるような体制整備をより積極的に進める場合に、交付金を加算するというものです。ただし、先に述べたように、これまでと同様の活動をする協定への交付金を減額した上で、このような加算措置を設けるのは、中山間直払い対象地域の農業にも選別的な考えを適用するものであり、平地の農業と同じような構造政策を進めるものではないかとの見解も聞かれたりしました。

この点については、第2期対策の実施過程で、やはり要件が厳しいのではないかとの現場からの疑問を招くことになり、第3期では、その条件が緩められることになります。体制整備単価の交付金を受けるために新たに「C要件」が加えられることになりました。これは「ステップアップ型」と呼ばれる「A要件」あるいは「B要件」に対して「集団的サポート型」と呼ばれ、耕作継続が困難となった農地が生じた場合に、誰がどのように農地を管理するのかを予め集落協定に位置付けることで、体制整備単価（10割単価）の交付金が受けられるようにするというものです（注2）。ただし、このことが現場にどのような影響を与えたのかについては、後に検討を加えたいと思います。

他にも、第3期からの新たな加算措置として「小規模・高齢化集落支援」「集落連携促進」があります。特に前者は、高齢化の問題などが深刻で協定締結自体が難しい地域をも包摂する仕組みを備えたものです。第2期で新設された加算措置とは、むしろ逆の方向性を持つものと言えます。全体として第2期対策で上がったハードルを再び下げようという指向性がここでもうかがえます。

しかしながら、いずれにせよ、これらの加算措置の実績は必ずしも芳しくはありません。第3期対策最終の2014（平成26）年度で、加算措置を受けた集落協定の数と対象の協定農地面積は、それぞれ以下のような数値です。規模拡大338協定、1308ha、土地利用調整46協定、875ha、小規模・高齢化集落支援382協定、3273ha、法人設立83協定、2242ha、集落連携促進12協定、506ha。いずれも低い水準に止まっており、広く活用されているとは言いがたい状況になっています。

（注2）「A要件」は、機械・農作業の共同化、認定農業者の育成、担い手への農地集積などの10項目の活動内容から2項目以上を選択するものです。「B要件」は、集落を基礎とした営農組織の育成、担い手へ農地集積の2項目から1項目以上を選択するものですが、類似のA要件の項目よりも条件が厳しいというものです。

Ⅲ　中山間地域等直接支払制度の評価の視点と実績

1　制度の評価の視点

これまで、中山間直払いの制度導入に至る経緯と、制度の枠組みと特徴、主な変更点について概観してきましたが、次に制度の評価に関わる視点について言及することにします。

簡単に言えば、当制度は2つの側面を持っていると言えます。1つは、農業生産の条件不利性に伴ってコストが余分にかかる分を埋め合わせする助成金という性格です。これは、そもそもの制度設計の根拠でもありますから、いうなれば表向き、あるいは建前上の目的とも言えるものです。もう1つは、いわば地域活性化のための支援金という性格です。交付金は本来は、まさに条件の悪い農地を維持・管理し、耕作している農業者へ直接に支払われます。その一方で集落協定の締結が義務付けられ、かつ交付金の一部は、共同取組活動として協定参加者（この中には直接、農地を耕作していない非農業者を含めることもできます）全体の活動に使うということが想定されています。このようなことから、制度を導入している現場では地域活性化、とりわけ集落協定の範囲が既存の集落と重なるところでは、集落の維持活性化のための資金という認識も生まれるようになります。

このような制度の持つ2つの性格、あるいはそこから波及する様々な効果については、制度発足当初から色々な表現をもって指摘されています。例えば、田代洋一氏は、当制度がもつ様々な要素について、「①中山間地域が果たす多面的機能への支払い、②生産条件不利をカバーする『マイナスの差額地代』支払い、③あわよくば生産条件不利の改善資金化（圃場整備、鳥獣害防除など）、そして、④地域資源管理費補てんを軸とする集落機能維持活性化助成金」と整理しつつ、「①が建前（国民的理解）、②が経済的本質、③はプレミア効果、④が真の狙いあるいは機能であり、かつ少なくとも最初の5年間については④が規定的といえる」と指摘していました[注3]。また、小田切徳美氏は、共同取組活動が「農業生産活動を継続していくためには農業生産基盤や集落基盤を構築するのに必要」と位置づけられていることをもって、「農業生産に直結するとりくみだけが求められているのではない。幅広く集落や地区の『くらし』（生活・経済・文化の全領域）にかかわる活動が、地域内の定住条件と活力を確保し、最終的には、そのことが農業生産継続の重要な要素となるからである」と述べています[注4]。さらに、小田切氏は当制度について「格差是正」と「内発的発展促進」の両面をもつ、いわば「二兎を追う政策」として位置付けるべきとも主張しています[注5]。加えて、農水省では「農用地の保全」と「多面的機能の発揮」（これら両者は一体的なものとも言えますが）について「直接的効果」、「集落の活性化」については「間接的効果」といった表現を使いながら、制度の効果について総括しています[注6]。

（注3）田代洋一「多面的機能と中山間地域直接支払い」（『農業と経済』２００２年8月号）12～13ページ。

（注４）小田切徳美「中山間地域等直接支払制度の評価と課題」（『農業と経済』２００２年８月号）19ページ。
（注５）小田切徳美「中山間地域の地域づくり―過疎・自立・対策」（一般社団法人北陸地域づくり協会『北陸の視座』Vol.22、２００９年５月、http://www2.hokurikutei.or.jp/lib/shiza/shiza09/vol22/topic2/04.html）などによります。
（注６）農林水産省「中山間地域等直接支払制度の最終評価」（平成21年８月６日）などによります。

２ 制度の実績概要と効果

（１）制度の実績概要

以上のようなことを前提とした上で、中山間直払いの取組状況を確認してみましょう。その主な数値を第１期と第３期の最終年度について整理したものが**表２**です。

先に述べた中山間直払いの評価の視点や、後に述べる今後の制度の展望と絡んで、この**表２**の内容で注目すべき点をピックアップしてみたいと思います。重要な指標である協定締結率（対象農地面積に対する、協定が締結された＝交付金が支払われた、農地面積の割合）について、北海道と都府県に分けて第１期最終年度の２００４（平成16）年度と２０１４年度を比べると、北海道において低下しているのが懸念されます。一方、都府県においては、もともと北海道と比較して低い水準ながら、ほぼ同じ協定締結率を維持しています。また、協定が締結された面積自体は、北海道および都府県とも、やや増加しています。このことから概ね安定的に制度が実施され

表２　中山間直払いの実施概況（第１期および第３期最終年度）

		北海道		都府県		単位
		2004年度	2014年度	2004年度	2014年度	
交付市町村数		106	97	1,378	901	市町村
対象農用地面積		342,886	368,030	444,233	469,704	ha
交付面積		327,653	332,659	337,440	354,561	ha
協定締結率		95.6	90.4	76.0	75.5	%
協定数	集落協定	645	366	32,686	27,204	協定
	個別協定	0	1	638	507	協定
集落協定参加者数		20,777	18,268	639,248	596,153	人
集落協定交付金額		7,941	8,226	46,626	45,548	百万円
１集落協定当たり	参加者数	32	50	20	22	人
	面積	508	909	10	13	ha
	交付金額	1,236	2,247	143	167	万円
参加者１人当たり交付金額		38.4	45.0	7.3	7.6	万円

出典：農林水産省「(各年度) 中山間地域等直接支払制度の実施状況」より作成。

てきたということが言えそうです。

その反面、協定数は減少しています。加えて集落協定への参加者数も減ってきていますが、これは協定の統合によって、複数の協定に重複して参加していた人の数が整理されたことが主な要因だと考えられます。以上のことによって、特に北海道では1集落協定当たりの参加者数や面積、交付金額が顕著に増加しています。一方、都府県については、僅かしか1集落協定当たりの参加者数、面積、交付金額が増加していません。このように、協定締結率は下がりながらも、集落協定を統合しつつ拡大を図ってきた北海道と、協定拡大という方向性は同じながらも、その広がりの幅が極めて小さい都府県の対比を見ることができると言えそうです。このことに関しては、集落協定の範囲ということについて、後に考察を深めたいと思います。

(2) 制度のもたらした効果

次に、中山間直払いが、地域の営農にどのような効果をもた

図1　農業集落の地域資源の保全状況（2000年と2005年の比較）

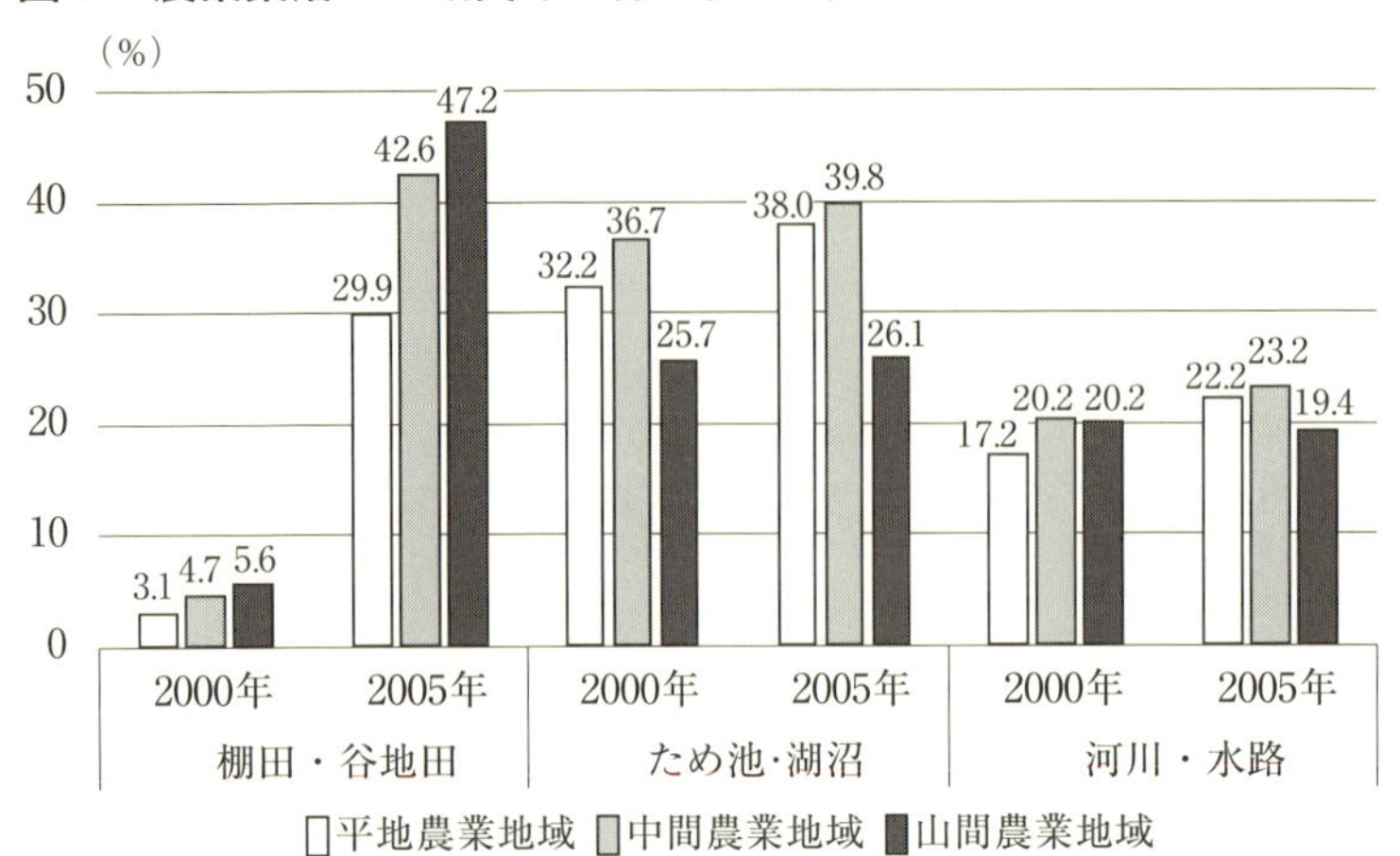

出典：農林水産省統計部『(各年) 農林業センサス』データより作成。
注：2005年は棚田と谷地田は別項目として調査されているが、便宜的に数値を合算した。

らしたのかを考察する一端として、制度が開始される前と後の農地保全の取り組み状況の変化について、農林業センサスのデータによって確認してみたいと思います。農林業センサスは、いわば農林業版の国勢調査に相当するもので、5年毎に実施されていますが、全ての農業経営体への調査とともに、農業集落の状況を把握する農業集落調査が行われています。２０００（平成12）年と２００５年の農業集落調査は、いずれも2月1日現在で調べられていますので、くしくも中山間直払い開始直前の様子と、制度が始まってから約5年後の姿が比較できることになります。

農業集落調査では、棚田や谷地田、ため池や湖沼、河川・水路といった地域資源が、各農業集落に存在しているのかどうかということと、存在している場合、それを集落の人々が集団的に保全しているのかどうかを尋ねています。**図1**は、それぞれの地域資源があるとされた農業集落の中で、集団的な保全が行われている割合を、農業地域類型別に２０００年と2005年との結果を比較したものです。2つの年を見比べてみると、特に注目されるのは、棚田・谷地田についてです。2000年には、棚田・谷地田を集団的に保全していた農業集落は、平地農業地域、中間農業地域、山間農業地域のいずれの農業地域類型でも、僅か3～5％台でした。それが、2005年には急増しており、山間農業地域では47・2％と、概ね半数の集落が集団的に棚田や谷地田を保全しています。他の、ため池・湖沼、河川・水路という項目については、2000年と2005年を比較して、それほど大きな変化が見られないことから、これは、明らかに中山間直払いへの対応を反映したものだろうと判断されます。

また、ため池・湖沼については、2000年も2005年も、山間農業地域での集団的な保全の取り組みの割合が平地農業地域や中間農業地域よりも低い、といったことをも鑑みれば、集団的な取り組みが難しいところでも頑張って中山間直払いに対応し、傾斜地の農地保全を行っているという実態が示唆されます。

このことについて、もう1つの**図2**を確認しながら、その意味合いについて、さらに考察してみたいと思います。**図2**は、2005年農林業センサスにおける、DID（人口集中地区）からの時間距離別の農業集落の地域資源保全状況について、棚田と谷地田の2項目に絞って数値を整理したものです。DIDからの時間距離が遠くなればなるほど、棚田や谷地田を集団的に保全している集落割合が増加していくという傾向を見ることができます。一般にDIDから時間がかかる地域は、安定的な兼業機会なども少なく、人口減少や高齢化が深刻だと認識されています。そのような困難な条件にもかかわらず、棚田や谷地田の保全が集団的に取り組まれているという農山村地域の姿が浮かび上がってきます。先ほどの指摘内容も含めて、中山間直払いの浸透性の高さをうかがう

図２　DID からの時間距離別の地域資源の保全状況（2005 年）

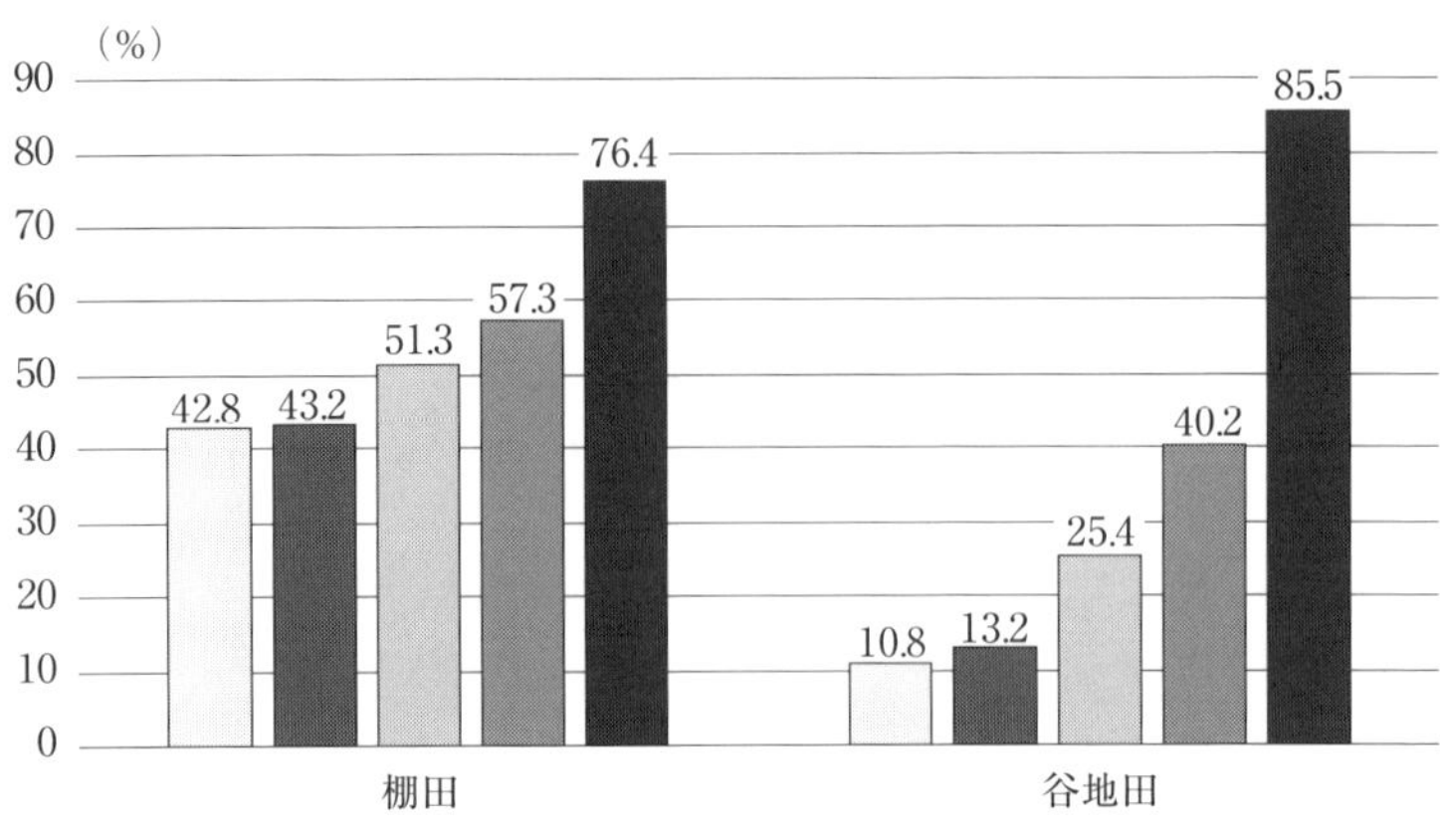

出典：農林水産省統計部『2005 年農林業センサス』データより作成。

ことができると言えましょう。

以上、制度の実績概要と効果について述べてきましたが、改めて確認できるのは、中山間直払いが始まって以降の15年間の間、全体的に見れば、ほぼ同じ面積規模で制度が取り組まれてきたということです。それだけ制度が現場で定着していると見ることができます。加えて、条件が厳しいと思われるようなところでも制度への対応がなされてきたということです。ここまでで、以上の２点を再確認しておきたいと思います（注７）。

（注７）もちろん、中山間直払いが耕作放棄を抑制し、農地の潰廃に歯止めをかけていること自体の効果についても、様々な角度から考察されています。ただし設定する条件などが様々で、かつ精緻に効果を測ろうとする場合の前提などの説明が複雑になるので、ここでは、その詳細は省略しますが、以下の文献等を挙げておきます。橋口卓也「中山間地域等直接支払制度の枠組みと論点」（橋口卓也『条件不利地域の農業と政策』第４章、農林統計協会、２００８年２月）、農林水産省「中山間地域等直接支払制

度の最終評価」平成26年8月、橋詰登「農村地域政策の体系化と政策課題―中山間地域等直接支払制度を中心に―」(『2016年度日本農業経済学会大会報告要旨』2016年3月）などがあります。

3　集落協定の活動内容の変化

これまで、どちらかと言えば制度について肯定的に捉えられる点について述べてきました。次に、今後の中山間直払いの見通しとも関わりますが、懸念されることについて考えてみたいと思います。それは、集落協定に義務付けられている共同取組活動が弱まってきているのではないかということです。取り組み状況を示した2つのデータから、そのことについて考察します。

(1)　共同取組活動への配分割合の低下

中山間直払いの集落協定において、交付金は共同取組活動分と農業者への個人配分とに分けられています。1つ目のデータは、共同取組活動分への配分割合で、その値が、どのように推移してきたかを示したものが**図3**です。北海道とそれ以外の都府県を比べた場合、北海道の方が共同取組活動への配分割合が高いことは意外かもしれません。北海道における中山間直払いの実施地域は、主に道北と道東の酪農地帯です。この辺りは、見渡す限り牧草地が広がっている平地ですが、年間の積算気温が少なく、穀物や野菜の生産が難しいということで中山間直払いの対象地域になっています。このようなところでは、専業的に農業を営む個々の農家の独立性が高いよう

図３　集落協定の共同取組活動への配分割合の推移

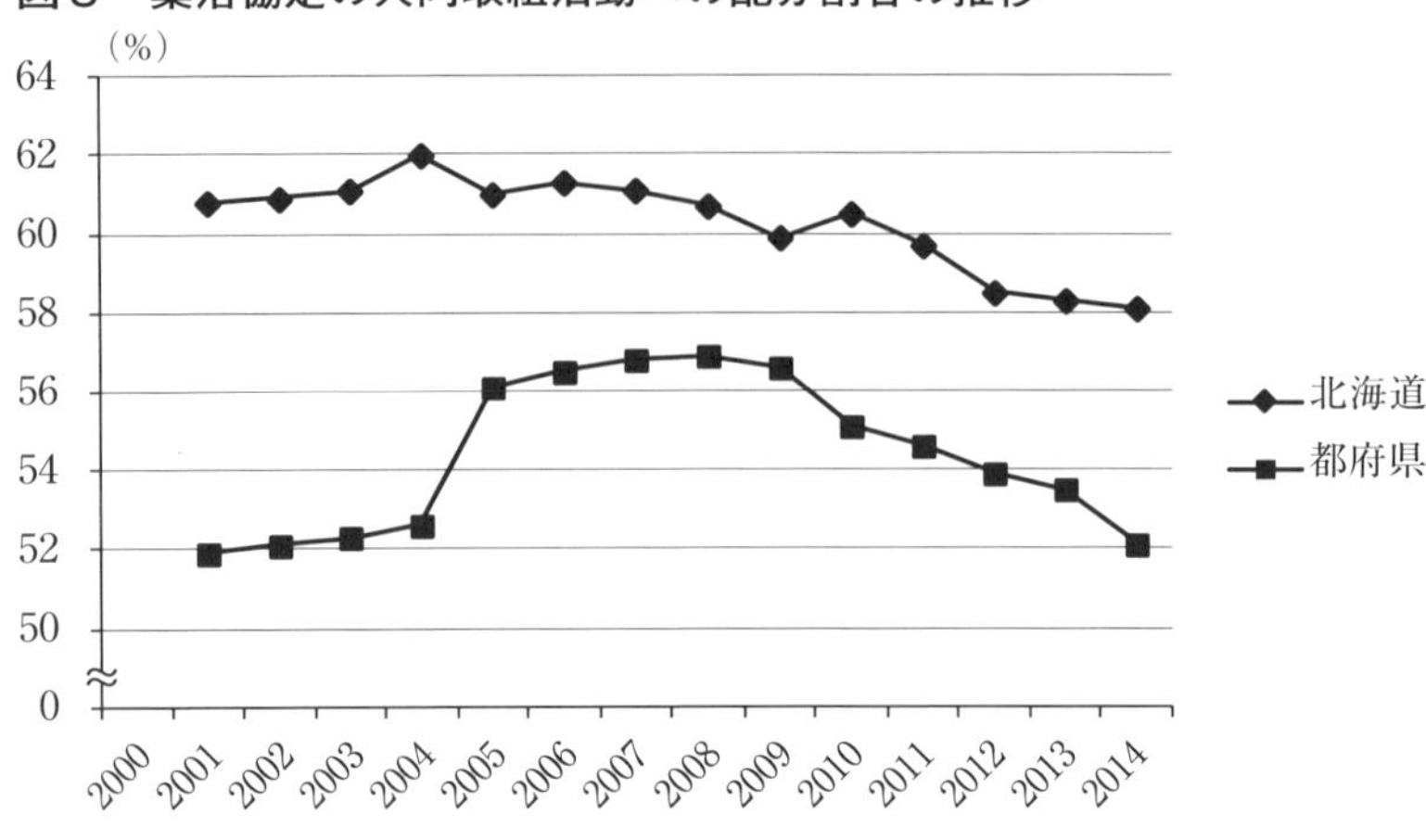

出典：農林水産省「(各年度) 中山間地域等直接支払制度の実施状況」より作成。
注：2000年度は、出典の資料にデータ無し。

に思われるかもしれませんが、中山間直払いの取り組みについては、ＪＡの管内など、いわゆる都府県の集落の概念を超えた広範囲で集落協定を締結している事例が見られます（そして、さらに１集落協定当たりの面積等が拡大していることを**表２**で確認しました）。その中には交付金の１００％を共同取組活動に充当し、ユニークな活動を行っている例もあります（注8）。そのような事情もあって、北海道では都府県に比べて共同取組活動への配分割合が大きいという特徴がありますが、いずれにせよ近年、その共同取組活動への配分割合が北海道、都府県とも低下してきています。

図３の数値は、集落協定全体の数値から算出されたものですが、交付金の２分の１以上を共同取組活動に充てている協定の数の変化を見ると、第２期最終年度の２００９（平成21）年度は、２万４３２７協定（85・９％）だったものが、第３期最終年度の２０１４年度には、１万９５６５協定（71・０％）にまで減少しています。

この背景の1つとして挙げられるのが、農林水産省の方針変更です。制度発足以来、共同取組活動分への配分割合は概ね2分の1以上とするよう市町村が指導する旨、「中山間地域等直接支払交付金実施要領の運用」に定められていました。しかし、2011（平成23）年度からは、個人配分に2分の1以上を充てるようにということで、180度方針が変わってしまいました（注9）。実際には、第3期の最終年度の2014年度でも、北海道、都府県とも依然として共同取組活動への配分割合が全体としては2分の1を超えてはいます。先に記したように、全集落協定の約7割が、ある意味「要領の運用」に反して2分の1以上を共同取組活動に充てているわけです。そもそも、この指導は強制的なものではなく、先述のように共同取組活動に100％充当することも可能です。ただし、現在の「実施要領の運用」では、個人配分に2分の1以上を充てる根拠として、「条件不利地における農業者等への適切な格差是正のため」としています。そもそも、中山間直払いの交付金の単価設定の根拠は、平場との生産コストの格差の8割を埋めるためとされています。「適切な格差是正」ということを強調すれば、なるべく多くを個人配分にすべきではとの見解を助長することになろうかと思います。以前の「実施要領の運用」は、共同取組活動に2分の1以上とする根拠として、「協定による共同取組活動を通じて耕作放棄を防止するとの観点から」となっていましたので、やはり大きな方針変更、あるいは考え方が根本的に変わったと見ることができるでしょう。この方針変更は第3期対策の中途でなされたものでした（注10）。そのため、第3期中は過去の配分方針を維持した集落協定も多かったと推察されます。第4期に入ってから、共同取組活動配分割合が、さらに低下するとともに共同取組活動自体を活発化させる機運自体が萎んでしまわないかが懸念されます。

（２）積極的な取り組みを行う協定の減少

先に述べたように、第1期から第2期にかけての大きな変化として、基礎単価と体制整備単価の２区分が設けられました。その際、これまでと同額の体制整備単価の交付金を受けるには、新たにA要件あるいはB要件のいずれかを選択しないといけないことになりました。しかし、第３期には、このハードルを下げるような形で、集団的サポート型と呼ばれるC要件が新設されたということも紹介しました。これらの紆余曲折の中で、結果として積極的な取り組みを行う協定が減少してしまったのではないかということが危惧されます。

そこで、２つ目のデータとして、それぞれの集落協定がどの要件を選択したかを見ていきます。その前提として、まず基礎単価協定と体制整備単価協定の数がどのように変化したかを確認します。第２期対策の最終年度の２００９（平成21）年度には体制整備単価は１万３２２７協定（46・７％）でしたが、第３期の初年度２０１０年度は１万７６５１協定（66・６％）にまで増加しました。まさに集団的サポート型のC要件が新設された効果と言えましょう。

そして、集落協定が選択した要件や活動内容について、第２期と第３期の最終年度を比較して整理したものが**表３**です。これを見ると、体制整備単価協定といえども、圧倒的多くの約９割の集落協定がC要件を選択していることが分かります。これに対して、A要件とB要件の各項目を選択した集落協定は激減しています。制度の仕組み上、前期までに具体的な数値目標を達成した活動項目については、次の期には新たな目標を設定しなければ

表３　体制整備単価協定の活動内容の比較（第２期および第３期最終年度）

要件	活動項目	2009 年度		2014 年度	
		協定数	割合（%）	協定数	割合（%）
A 要件	機械・農作業の共同化	6,988	52.8	2,234	12.0
	高付加価値型農業の実践	1,798	13.6	644	3.4
	地場産農産物等の加工・販売	1,475	11.2	416	2.2
	新規就農者の確保	922	7.0	661	3.5
	認定農業者の育成	3,596	27.2	1,206	6.5
	担い手への農地集積	875	6.6	366	2.0
	担い手への農作業委託	2,761	20.9	860	4.6
B 要件	集落を基礎とした営農組織の育成	657	5.0	204	1.1
	担い手集積化	623	4.7	302	1.6
C 要件	集団的かつ持続的な体制整備	—	—	16,844	90.1

出典：農林水産省「(各年度) 中山間地域等直接支払制度の実施状況」より作成。
注：１）活動項目については、第２期と第３期で共通性が高いものを抽出した。実際には第２期、第３期とも10項目ある。
２）A 要件については２項目以上の選択が必要なため、協定数には重複がある。

ならないことから、高い目標を達成した集落協定にとって選択が狭まったという可能性もなきにしもあらずですが、現実には、要件が緩いと思われたＣ要件の選択に移行した集落協定がほとんどだと考えられます。

Ｃ要件の新設自体は、体制整備単価の交付金を受ける条件が厳しすぎるという現場の声を反映したものだったと言えますが、積極的な活動を行う指向性自体を弱めてしまったのではないかということが心配されます。このことに関連しては、後に事例分析で紹介する新潟県糸魚川市の市としての対応が興味深く、参考になろうかと思います。

（注８）制度発足直後から、このような取り組みが見られました。例えば、農場周辺の環境美化や生活環境の向上に力を入れていた中標津町の事例があります（石井圭一「草地地帯における直接支払制度の現状と課題―北海道中標津町―」『中山間地域等直接支払制度と農村の総合的振興に関する調査研究』農政調査委員会、平成13年３月）。また近年の取り組みについては、田畑保「ＪＡに

よる地域の酪農家への高密度での太陽光発電の普及―北海道ＪＡ浜中町の取り組み―」『地域振興に活かす自然エネルギー』（第1章2、筑波書房、２０１４年４月）に、その取り組みの紹介・分析があります。

（注９）山浦陽一「中山間地域等直接支払制度の運用にみる地域農業の実態―第３期対策への移行状況と配分割合変更の背景―」（『大分大学経済論集』第64巻２号、２０１２年７月）においては、配分割合変更のことについて幾つかの特徴的な県の実態も含めて分析がなされています。

（注10）中山間地域フォーラム運営委員会「中山間地域等直接支払制度の見直しを批判する―中山間地域フォーラム緊急声明―」（２０１０年11月12日）では、この方針変更がもたらす様々な問題点について警鐘を鳴らしています。

Ⅳ 地域の取り組みと課題――事例分析――

本章では、中山間直払いに取り組んできた3つの地域をとりあげて、その取り組み内容を紹介しつつ、そこから得られる教訓や今後の課題について検討を加えることにします。

3つの地域とは、①大分県宇佐市余谷（あまりだに）地区、②新潟県糸魚川市根知（ねち）地区、③新潟県十日町市仙田（せんだ）地区、の3地区です。それぞれの地域の内容については後に詳しく述べますが、さしあたり、この3つの地区の共通点として、過疎化・高齢化が進んでおり過疎地域に指定されている、山林の占める割合が大きく特定農山村地域にも指定されている、農地利用の面からは水田地帯である、複数の集落が連携して地域活性化に取り組んでいる、そして中山間直払いの取り組みに絡んで法人組織が活動している、といった諸点を挙げておきたいと思います。

1 大分県宇佐市余谷地区

(1) 地区の概要と農業の特徴

大分県北部に位置する宇佐市院内（いんない）町余谷（あまりだに）地区は、地区のほぼ中央を流れる余（あまり）川と、その支流の滝貞（たきさだ）川に沿って谷沿いに9つの集落が点在する地域です。いわゆる昭和の大合併の前は南院内村に属し、旧南院内村には、他

写真１　棚田で収穫作業をする大分大学の学生

出典：余谷21世紀委員会ホームページより転載。

に恵良谷地区、温見谷地区の２地区があり、余谷地区は、人口や面積で旧南院内村の概ね３分の１に該当します。１９５５（昭和30）年には、南院内村を含む５村が合併して院内村が誕生し、１９６０年に町制施行しています。そして、２００５（平成17）年４月に宇佐市、安心院町、院内町の１市２町が合併して新宇佐市が誕生し、現在では旧院内町域を宇佐市院内町と称しています。宇佐市役所から余谷地区の入口までの車での所要時間は30分ほどです。

次に余谷地区の農業の特徴について紹介します。２０１０年農林業センサスデータによれば、総農家戸数は70戸、うち販売農家が50戸、土地持ち非農家は31戸となっています。また法人経営が１つあります。経営耕地面積は、農業経営体分として約95ha（うち田88ha）であり、水田が卓越します（注11）。地区の河川下流部は20ａ区画を標準とする圃場整備完了地区ですが、中流部は圃場整備地区と未圃場整備地区が混在しており、最上流部には圃場整備が困難な急峻な石積みの棚田が見られます。

少なくとも田については、ほぼ全てが中山間直払いにおける急傾斜の20分の1以上の対象農地に該当しています。また少数ながら肉用牛の繁殖経営の農家もあります。

(2) 地域活性化組織の誕生と中山間直払いへの対応

余谷地区では、2000（平成12）年度からの中山間直払い開始を前にして、この制度を活用して地区一体となった活性化策を模索するため、1999年度に集中的に話し合いの機会が幾度ももたれました。その結果を受け、地区内全戸が参加する形で2000年5月に余谷21世紀委員会（以下、適宜、「21世紀委員会」あるいは「委員会」と称します）が発足しました。

21世紀委員会の発足に当たって、当初は委員会が地域活性化の活動全般に関わることはもちろん、農地の保全など営農分野でも活躍することが期待されていました。また、委員会の活動資金は事業収入や助成金、あるいは各部会組織については部会員から徴収することを想定しており、新規に発足する組織としては、これから十分な活動資金が確保できるかという不安がありました。そこで、中山間直払いの交付金を21世紀委員会の活動に充てることも想定されていました。

しかし実際には、中山間直払いが始まった第1期初年度の2000年度には、地区内の9つの集落のうち1つが生産調整を達成していないということで協定が認められませんでした。翌年度からは、その1つの集落も生産調整未達成を解消して全集落で協定が締結できたものの、既に先行して5年間の第1期全部の共同取組活動分の交付金の使途を決めていた集落との調整がうまくいかず、地区全体で協定を結ぼうということにはなりませんでした。

21世紀委員会は全戸加入であり、かつ余谷地区の場合には、ほぼ全ての世帯が農家として中山間直払いにも関与しており、中山間直払いの交付金の共同取組活動分から委員会の運営費を捻出することは、それほど難しい話ではないかと思われていました。しかし、水田への用水路の管理は集落単位で行われており、かつ水路の距離の長短や、ため池があるか否かなど、水掛かりの管理の様式や作業に関わる労力も集落によって大きく異なっています。先に述べた5年間の共同取組活動分の交付金使途を決めた集落では、水路の補修に緊急性を要し、この期に交付金を利用して一挙に完工してしまいたいといった集落独自の事情を抱えているということもありました。

(3) 地域活性化組織の活動

余谷地区においては、中山間直払い開始と21世紀委員会の誕生は深く結びついていましたが、中山間直払いの地区全体としての集落協定一本化は見送られました。一方で、委員会の活動自体は活発化していきます。以下、その様子を紹介したいと思います。

委員会自体は全戸参加ですが、より積極的に活動を行う〝実行部隊〟として、3つの部会がつくられます。①米生産部会、②農産加工部会、③山の恵み部会、です。以下、簡単に各部会の取り組みの主な内容を示します。
①米生産部会では、独自のブランド米販売に取り組みます。キャッチフレーズを「あまりにうまい〝せせらぎ

米〟」とし、手続き上はＪＡを通しつつ独自に販売を進めました。②農産加工部会は、農家民宿や農家レストランの開設を目標に様々な先進地への視察・研修を行い、特に地区内の特産品である椎茸や柚子の活用方法を学ぶことにしました。２００１（平成13）年秋には、こんにゃくの製造販売が開始され、また部会員の中には菓子製造業の許可をとる人も現れました。部会の活動拠点にするため、人が住まなくなった住居を借り上げて台所など一部を改装し、大型冷蔵庫の設置なども行っています。③山の恵み部会では、竹の皮の採集や出荷をはじめとして、その他、地区内に自生している様々な樹木や草花を、専門家に装飾用の花材として活用してもらった上で、旧院内町内にある道の駅で販売を行うなどしてきました。

以上のような部会組織としての活動の他に、とりわけ委員会全体として積極的に取り組んでいる活動が２つあります。その１つが大学との交流です。地元の大分大学の教育福祉科学部では、「フレンドシップ事業」として、社会的体験を通じた学生の資質向上を目指し、様々な体験活動を講義・単位取得の一貫として位置付けつつありましたが、それまでは異なる地域に受け入れをお願いしていました。そして、研修希望の学生が増える中で、固定的に継続して研修を受け入れてくれる先を探していたところ、ちょうど余谷地区の情報が伝わり、両者の意向が一致したことによって、21世紀委員会が受け入れ団体となって２０００（平成12）年度から研修が開始されています。主な内容を列挙すると、以下のようになります。６月上旬の田植え、９月上旬の草刈りと大分大学生によるコンサート、９月下旬の稲刈り・掛け干しと南院内小学校の運動会への参加、11月下旬の柚子収穫と余谷地区での収穫感謝祭への参加、３月上旬の椎茸の駒打ち、といった具合で年６回に及び、９月上旬と下旬、11月下旬の研修の際には地区内で宿泊も行っています。委員会の役員の高齢化が進んでいるのは事実ですが、これまで15年以上にわたって、ほぼ同じ内容や頻度で交流が続けられてきたというのは画期的でもあり、教育界においては大いに注目を集めています。

もう1つの委員会の活動の特筆すべき点として挙げられるのが、大分市内の新興住宅団地の自治会との交流です。先の米生産部会の販売先の1つとして、この団地の住民をターゲットとし、自治会役員への挨拶や申し入れを行った後、数日かけて数千枚のチラシを配布したということがありました。この時の成果は2％ほどのお宅から注文があったという結果でしたが、その後、農村地域との交流を求める団地住民の声が高まり、余谷地区との交流が始まりました。現在、7月下旬に団地で開催される夏祭りに余谷地区の農産物を持参して出店したり、地元に伝わる太鼓の演奏を披露したり、逆に秋に余谷地区で開催している収穫感謝祭に団地の住民が訪れるなど、交流が続いています(注12)。

また近年、新たに取り組み始めた活動として「ゆうゆう体操」があります。主に地区内の高齢者を対象としたもので、毎月1回、委員会が指定管理者となっている余谷地区内の日帰り温泉施設の休憩室を利用し、一緒に体操をしたり、健康に関する講話を聞いたり、その後、農産加工部会のメンバーがつくる軽食を食べながら、懇談の場を持つというもので、大変好評とのことです。この活動は、後に紹介する新潟県十日町市仙田地区の取り組みの1つとも類似しています。

（4）直面する課題と展望

このように、中山間直払いの開始を期に地域活性化活動に本格的に取り組み始め、これまで様々な活動を続けてきた余谷地区ではありますが、厳しい現実にも直面しています。

1つの大きな問題は、中山間直払いの協定締結面積自体が徐々に減少してきているという点です。第1期最終年度98・8ha↓第2期92・9ha↓第3期83・7ha↓第4期初年度78・5haといった具合です。余谷地区の場合は、先に述べたように9つの集落毎に中山間直払いの集落協定が結ばれてきましたが、個々の協定の面積が減少傾向にあるのに加え、第3期対策から1つ、さらに第4期対策から、もう1つの集落において協定が結べなくなってしまいました。この2つの集落は、地区内の9つの集落の中でも奥にある、いわゆる〝行き止まり集落〟であり、住民の数も少ない小規模集落です。

もう1つは、第2期対策時に設立された農事組合法人について、解散の話が持ち上がっているということです。この法人は、中山間直払いで位置付けられていた法人化加算の対象ともなっていました。どちらかと言えば、行政組織からの働きかけの中で設立されたという側面が強く、法人役員以外からの農地の借り受けや作業受託については僅かで、全体としても3・5ha程度であり、法人としての農業機械などの所有もなく、活動が限定的だったということもあります。また法人の役員と21世紀委員会の役員は、ほとんどが共通しています。この法人に期待された活動の大きな点は、地区全体の農地保全ということでしたが、特に重要な課題としていたのが、地区の最奥部の最も条件の悪い急峻傾斜の棚田地帯の保全でした。ここは他の7つの集落とは地理的に少し離れた場所に、小さな川を挟んで2つの集落が存在し、間に小さな石橋が架かっています。その石橋と両岸の石積みの棚田の風景が見事なことから、「両合（りょうあい）棚田」として「日本の棚田百選」にも選ばれています。しかし、近年は耕作放棄が進み、かつては写真愛好家らの格好の被写体となっていた景観が失われてしまっています。この死守すべきと思われた農地保全の活動も役員の高齢化もあって難しいということで法人としては解散し、一方で棚田百選に選定された石橋周辺の棚田は観光資源として何とかすべきとの立場から、今後は市の事業として保全管理がなされる計画となっています。

加えて言えば、かつて意欲的に行われていた農産物の販売などの活動が、近年低迷していることが挙げられます。以前は、地区内の桑からつくった桑の実ジャムや、桑の葉茶などの農産加工品を製造・販売していましたが、現在は中断した状態となっており、また地区内に新設した農産物直売所で週1～2回の定期市を開催していましたが、現在はこれも休止状態となっています。

しかし、今後の活動を再び活発化させるに当たって、何のてがかりもないというわけでもありません。1集落ではありますが、棚田放牧に取り組み始めて中山間直払いの協定面積を拡大してきた集落もあり、また第4期対策から始まった超急傾斜加算について2集落が手を挙げています。宇佐市内の旧院内町における51協定の中では、僅か3つのうちの2つとなります。農産物の直売所としては休止状態ですが、その場を利用してUターンした女性がアロマテラピーの商品開発・販売を始めるなど新たな動きも展開しています。あくまでも外部の人間としての筆者の願望かもしれませんが、改めて中山間直払いと農地保全、地域活性化の取り組みを結合させる体制の立て直しが求められているように思われます。

（注11）この数値は2010年農林業センサスの集落データを積算したものですが、経営耕地面積について2つの集落はデータ秘匿となっており、実際には、もう少し多いことになります。データ秘匿扱いということは、その集落の農業経営体数が2以下ということであり、中山間直払いに取り組むことができなくなった2集落が、まさしく該当します。

（注12）中山間直払いが始まった当初の余谷地区の地域活性化の動きについては、生野栄城・橋口卓也「谷あい9集落一体で取り組む地域活性化―大分県院内町余谷地区―」（農政調査委員会『農―英知と進歩―』No.270、2003年3月）に詳しく記されています。

2　新潟県糸魚川市根知地区

（1）地区の概要と農業の特徴

根知地区は、「昭和の大合併」前の市区町村である、いわゆる旧村に該当し、新潟県の南西端にあたる糸魚川(いといがわ)市の南部にあり、市役所から地区の入口までは車で20分ほどの距離です。糸魚川市は1954（昭和29）年に糸魚川町と根知村など1町8村が合併して誕生し、2005（平成17）年には、糸魚川市、能生(のう)町、青海(おうみ)町が合併して、新たな糸魚川市が発足しています。根知地区は、地質学や地理学の世界で有名な糸魚川・静岡構造線に沿って日本海に注ぐ激流である姫川の支流の根知川に沿った地域で、根知谷とも呼ばれています。根知川の両岸には

写真２　根知地区の風景

出典：筆者撮影。

比較的緩い傾斜の水田が広がる一方、周囲の山腹の斜面には急傾斜の棚田が展開しています。日本有数の豪雪地帯に位置し、地区内にはスキー場もありますが、地すべり・土砂崩れなどの自然災害に悩まされてきた地域でもあります。歴史的には、武田信玄に塩を送った上杉謙信の「敵に塩を送る」という逸話を生んだ、糸魚川と松本を結ぶ「塩の道・千国(ちくに)街道」のルート上にあたり、古くは多くの人や生活物資が行き交い、賑わいを見せていたところです。

この根知地区の１つの大きな特徴として指摘できるのが、既に人が居住しなくなった集落が多いということです。１９９０（平成２）年から２０００年にかけて、農家戸数ばかりでなく非農家戸数も含めてゼロとなった「無住化」集落が全国に１２３ありましたが、根知地区では３つの集落が無住化しており、旧村単位で見た場合、近年に人が住まなくなった集落が最も集中している地区の1つと位置づけられます。かつては22の集落がありましたが、6つの集落では恒常的に人が住んでいない状態になり（夏場だけ訪問したり、僅かな農地を通作しているというケースはあります）、さらに2つの集落で無住化が危惧されています（注13）。

次に根知地区の農業の特徴について紹介します。2010年農林業センサスデータによれば、総農家戸数は186戸、うち販売農家が123戸、土地持ち非農家は127戸となっています。また組織的な法人経営が3つあります。経営耕地面積は、農業経営体分として157ha（うち田149ha）であり、先の余谷地区と同様に水田が卓越します。豪雪地帯ということもあり、近年では後に紹介する法人によって、水田転作としての茄子やブルーベリーの栽培が始まっていますが、歴史的には典型的な水稲単作地帯だったと言えるでしょう。

(2) 中山間直払いへの対応と法人の役割

根知地区における中山間直払いの取り組みとして特徴的なのは、第1期対策時には6集落で7つの集落協定を締結していたものが、第2期対策の発足に当たって1つの協定に統合することになったという点です。併せて協定農地の拡大を図り、全体の協定締結面積は、第1期の45・3haから第2期には52・6haへと増加しました。増加分は、より傾斜の条件が厳しい棚田地帯ですが、農外から参入したO建設会社が耕作する農地が多くを占めています。このO建設は、当然、統合された集落協定にも参加しています。協定農地は、全て急傾斜田で体制整備単価（10割単価）であることに加え、規模拡大加算を受けることにより、第2期初年度の交付金額は1109万円になりました。その上で、交付金の全額を個人配分せずに全て共同取組活動分に充て、新規に実施する中山間地域総合整備事業の補助残に使うことにしたのです。

この整備事業は、根知川両岸の比較的傾斜の緩い農地が県営圃場整備事業で整備された際には、事業費が高くなりすぎるということで除かれた範囲を対象としています。今回は、圃場整備に加えて農道やため池の整備を実施するものですが、一旦は対象から外した工事単価の高い急傾斜の農地を新たに整備するということは、重大な決断だったと言えるでしょう。これ以上、地区の農地を減少させないという強い意志が含まれています。

根知地区においては、これまでに無住化した集落あるいは今後、近いうちに無住化が危惧される集落はいずれも標高が高く、農地については圃場整備が実施されていないところでした。そして今回の整備事業は、その無住化集落が集中するエリアと、今後も維持存続が望まれる集落エリアの間に、いわば防波堤を築く役割が期待されています。そのために中山間直払いの交付金全額を地元負担の補助残に使用するとしたことは、地区全体でその合意がなされたと見ることができます。

なお、第2期対策で協定が一本化された背景の1つに、次に紹介する十日町市仙田地区の取り組みが波及したということがあります。実は、仙田地区を訪問した筆者らが、その知見を根知地区の皆さんに披露したところ、それを参考にして、第2期から対応がとられたという逸話についても紹介しておきたいと思います。

先に述べたO建設について、もう少し補足します。新しく圃場整備がなされた条件の悪い農地については、現状でもO建設の耕作地が多いという実態があります。中山間直払いの第2期対策からの集落協定名称は上根知営農組合集落協定と称することになりましたが、必ずしも資源管理の様式まで大きな変化があったというわけではなく、以前の７つの協定単位に責任者が配置されています。このように現段階では明瞭な実態があるとは言えない「営農組合」の名を冠したのは、今後の農地利用の再編を想定しているからですが、その際にもＯ建設が中心になろうかと思われます。実際、現在の集落協定の代表者は市の農業委員を務めてきた70歳台の農業者ですが、副代表者の２人のうち１人はＯ建設の専務取締役が就き、会計担当については、協定参加者でもある法人としてのＯ建設が、その任務を担っているという状況にあります。古くからの根知地区の農業をよく知る地元の識者からは、「将来は、条件の悪い農地は全てＯ建設に面倒見てもらうしかないのではないか」といった声も聞かれます。

なお、先ほど農外から参入したＯ建設会社と記しましたが、元々Ｏ建設は根知地区内にある会社であり、役員や従業員の大半も地区住民です。かつ、その多くが以前から兼業農家であり、農作業も各自の家庭の仕事として長年行ってきていたという経験がありました。兼業としての農業を勤務先の建設会社が糾合することになったとも見ることができます。そのような意味で、これまで何ら農業や農村と接点のなかった都市部の企業が、農業分野に全く新規に参入するというような事態とは大きく異なっています(注14)。さらに先に述べた農地利用の再編ということに関し、地区の最も奥にある集落において、農地中間管理事業の発足とともに、集落内の農地のほぼ全部に相当する約11haの農地をＯ建設に貸し出すという計画を進め、およそ２２０万円の地域集積協力金を受けることになったということも付け加えておきたいと思います。

（3）市の中山間直払いの取り組みの特徴と根知地区の課題

これまでに述べてきた根知地区における中山間直払いの取り組みとも関連しますが、糸魚川市の場合、市全体としても、特に第4期対策になって非常に特徴的な取り組みを行っているということが言えます。以下、市の対応についても紹介することにします。

これまで市の方針として、そもそも対象農地と位置付けていなかった緩傾斜についても、2015（平成27）年度の第4期対策から新たに取り組むことにしました。これによって、根知地区では根知川下流部の両岸の多くの水田が新たに対象となり、地区内のほぼ全ての水田に範囲が広がります。そして、これらの新規の協定農地を含めて地区一本の協定として対応することにしました。

もう1つの糸魚川市の取り組みの特徴は、中山間直払いの仕組みの変遷で言及した、体制整備単価（10割単価）の交付金を受けるのに必要な要件の選択内容が、他の市町村と大きく異なっているということです。一言で言えば、他では、集団的サポート型と呼ばれるC要件を選択する場合が多いのに対し、糸魚川市では積極的に、A要件もしくはB要件での協定締結を勧めているという点です。これは第4期対策にも引き継がれ、A要件あるいはB要件の選択が多いのみならず、新設された超急傾斜加算などについても、多くの協定で取り組まれています。

本著の前段で述べたように、第1期から第2期対策への移行に当たり、これまでと同額の交付金を受ける際の要件が厳しくなりました。そして逆に第3期対策への移行の時には、そのように要件を緩めたことによって、全国の多くの協定が、そちらになびいたような対応が見られました。糸魚川市では、そのような動きに乗らず、営農継続の体制を作り強化する取り組みに力を入れてきました。根知地区もその１つの典型と言えますし、波及効果が、市内の他の地区にも広がりつつあります。

しかし、これまで共同取組活動への配分に重きをおいてきた根知地区ですが、逆に個人配分割合を高くしようという動きが出てきています。その背景の１つは米価の下落です。先に述べた糸魚川市における緩傾斜への対象農地拡大も、米価下落に対応したものという側面もあり、確かに「せっかく市としても米価下落の中で、その分を補うように配慮してくれているのだから、個人配分を強化すべきだ」との声が出てくるのも、ある意味、当然という感じがします。これに対し、根知地区の中山間直払いの協定役員の方々からは、できるだけ共同取組活動分に充当したいとの意向が聞かれます。新たに対象農地となった緩傾斜の水田は、既に圃場整備から30年ほどが経ち、度々パイプラインの破損による漏水が起きているそうです。もぐらたたきのような対処でなく、抜本的にパイプラインを設置し直すなどの工事ができれば望ましいが、その場合は巨額の工事費が必要であり、他にも使い道は色々あるとの考えです。

もう１つの課題は、地域活性化組織と中山間直払いとの関係性についてです。根知地区では、これまでにも様々な地域活性化組織が活動を続けてきました。それらの活動の中での問題意識としては、参加層の偏りや、主力メンバーとして想定されている集落役員の頻繁な交替によって継続性が弱いことなどが挙げられ、新たな組織として根知振興協議会が２０１０（平成22）年４月に設立されました。しかし、活動が必ずしも定着していないという問題点があります[注15]。この協議会が、第４期から地区内のほぼ全域が対象となることになった中山間直払いの活動と、どのような関係性を持っていくのかも重要な点と言えそうです。

（注13）根知地区における無住化集落の実態については、橋口卓也「無住化集落集中地区の現状と対応―新潟県糸魚川市根知地区―」（『条件不利地域の農業と政策』第7章、農林統計協会、２００８年２月）で詳しく説明しています。

（注14）大仲克俊「新潟県糸魚川市根知地区での企業の農業参入とその農業経営の展開」（大仲克俊・安藤光義『企業の農業参入―地域と結ぶ様々なかたち』4章（ＪＣ総研ブックレットシリーズ№1、筑波書房、２０１４年３月、29〜43ページ）には、根知地区における企業展開の新しい情報が記されています。

（注15）このことに関する根知地区内の課題等については、坂本誠「糸魚川市根知地区における広域的マネジメントの必要性と可能性」（『集落を超える広域的マネジメントの形成に関する研究会―２０１２年度報告書―』第５章、ＪＣ総研、２０１３年３月）に記されています。

3　新潟県十日町市仙田地区

（1）地区の概要と農業の特徴

仙田地区も、先に紹介した根知地区と同様に、いわゆる旧村に該当します（注16）。新潟県の中央からやや西に位置する十日町市の一部ですが、２００５（平成17）年4月に合併するまでは中魚沼郡川西町に属していました。十日町市役所から仙田地区の入口までは、車で20分ほどです。地区は渋海（しぶみ）川流域の谷あいに位置し、地形的特徴

写真３　「瀬替え」が見られる仙田地区の風景

出典：十日町市ホームページより転載。

も前に紹介した２つの地区と類似性があります。ただし、２地区の地形が急峻で、河川が一挙に下るのに対し、仙田地区の中心部は比較的傾斜が緩やかで、川が蛇行しています。この蛇行した部分を中世から近代にかけて、人工的に短絡・直流化させ、新田開発や洪水防止に取り組んできました。大工事に大変な人力を必要としていた古い時代の先人の知恵や努力に敬意を表し、この河川の付け替えを意味する「瀬替え」の名称を、後述する地区内の道の駅の名称にも冠しています。

次に仙田地区の農業の特徴について簡単に述べます。２０１０年農林業センサスデータによれば、総農家戸数は１８１戸、うち販売農家が１５０戸、土地持ち非農家は53戸となっています。また法人組織経営が１つあります。経営耕地面積は、農業経営体分として１６８ha（うち田１５２ha）であり、先の２地区と同様に水田地帯です。また、仙田地区も根知地区に比肩するような豪雪地帯であり、水稲単作地帯でもありました。

（2）地域活性化活動の経緯や中山間直払いへの対応の特徴

地区では、１９９３（平成５）年頃から地域の将来について考える話し合いの機運が盛り上がり、5年ぐらいの間に40回以上の会合を重ねて地区の活性化構想が策定されました。その構想を基に、１９９７年から中山間地域総合整備事業を活用して地域活性化の中心となる仙田体験交流館や周辺の公園が整備され、２００１年に「道の駅・瀬替えの里せんだ」としてオープンしました。なお、同じ中山間地域総合整備事業でも、根知地区で言及した事業の場合には、圃場整備や農道、ため池など農業生産基盤の整備がもっぱらでしたが、仙田地区の事業は、このように地域活性化施設の整備に注力されていたという違いがあります。道の駅の建物には農産物・特産品販売コーナーや体験工房（調理室）、休憩室、会議室、展示コーナーなどが備えられています。

農業生産の面では、１９９８（平成10）年に地区農業の将来を考える仙田地区営農委員会が組織されましたが、もともとは、旧川西町内一円で旧村単位につくられたものです。しかし、実際に会合を開いてみると、他の地区以上に多くの課題が掲げられる一方、特に資金面の問題について懸念の声が挙がりました。そのような中、２０００年度から始まる中山間直支払いの交付金を地区全体で活用することで資金面の課題を解決できると考え、地区として1つの協定を結ぶことが目指されます。そして実際にそれが実現し、「集落協定＝営農委員会」という位置づけがなされます。仙田地区では、もともと13の集落があった中で、2つの集落については、通作によって、かろうじて農地は維持・管理されているものの無住化していました（1つの集落は、既に全く耕作がなされていませんでした）。協定を締結するに当たっては、住民がいる10集落の農地だけではなく、これら2集落を加えた12集落の範囲も含めて1つとして集落協定が締結されました。また、活動面においても集落を越えた協力体制を整えるため、2～4集落で構成される4つの旧小学校区単位で「営農組合」を組織し、営農委員会と営農組合の役割分担を行っているという特徴があります。中山間直払いの事務作業等については営農委員会が担うこととし、交付金を活用して新たに公募によって事務職員1名が雇用され、書類整備や会計処理なども引き受けてきました。

この仙田地区の取り組みは、中山間直払いにおける「仙田方式」とでも呼ぶべきものです。先に紹介した地区全体の集落協定の本部ともなる営農委員会が交付金の35％を使用します。そして営農組合が25％、残り40％が個人に配分されます。4つの営農組合の中での配分については、中山間直払いの協定農地面積分を7割、制度の対象にならない農地分も3割相当として耕作面積に応じて金額を決めています。このような形で全体の営農委員会、中間段階の営農組合、そして個人という3段階に絶妙の交付金配分を行うことによって、中山間直払いの対象農地に該当しない傾斜がほとんどない農地を耕作する農家も交付金の恩恵を受けることになります。これは、町の担当者の「中山間直払いは地区全体の活性化のためになり、そうであれば全ての集落に恩恵があるはずだから地区の一本化を目指すべきだ」といった考え方、地区住民の「集落が基本だが高齢化が進展する中では、集落を越えた協力体制が必要だ」といった思いを反映させたものです。傾斜条件を満たさない農地しか耕作していない農業者や、そのような農地が多い集落の人々にも参加をしてもらうための見事な仕組みづくりだったと言えるでしょう(注17)。

このように地域活性化活動のための資金と中山間直払いの交付金を結び付けて考えるという点は、先の大分県宇佐市余谷地区と共通性がありますが、余谷地区では地区一本の協定ができず、逆に仙田地区でできた背景の一つに、このような仕組みづくりの妙に加えて、仙田地区では以前から育苗施設やライスセンターの運営など、共同での作業の取り組みが進行していたという実態もあろうかと思われます。

もっとも、このような体制がすぐにできたという訳ではありませんでした。制度発足の２０００(平成12)年度には９集落で１協定ということで始まり、２００１年度から２００３年度にかけて、１集落ずつが新規に参加して、仙田地区で農地が耕作されている12集落全体が参加するに至り、協定締結面積約90ha、交付金額が１８００万円を超える大きな協定ができたのです。先に述べた緻密な仕組みが徐々に理解されていったという様子がうかがえます。

(３) 地区の現在の取り組みと課題

その後、取り組みは新たな段階を迎えることになります。地域活性化活動の一層の強化を目指し、仙田地区営農委員会を中心としつつ、他の地域組織も加えた仙田地域活性化戦略推進協議会が２００９(平成21)年９月に設立されます。高齢化が進む中、屋根の雪降ろしや通院など、特に冬季の生活への不安感が強まっていましたが、その前年の２００８年には地区にあったＡコープ店舗が閉店となり、さらに２００９年には小学校と保育園が閉校・閉園するなど、住民の閉塞感が大きくなっていたという実態がありました。そこで、新潟県単独事業の中山間地域豊かな村づくり推進事業も活用し、新たな組織の育成が図られることになりました。

そこで、２０１０年３月に㈱あいポート仙田（以下、適宜「あいポート」と称します）が誕生します。あいポートは、営農委員会の〝実働部隊〟としての役割を担い、農業生産法人として地区内の農地を耕作していますが、十日町市の指定管理者として道の駅の運営、Ａコープ撤退後に契約したフランチャイジーとしてのデイリーヤマザキの経営、中山間直払いの事務業務受託、冬季の高齢者の住居の雪降ろしなど、地域の諸課題に対応する地域マネジメント法人としての役割が徐々に大きくなってきています。

あいポートについて、もう少し詳しく紹介したいと思います。出資者は15名で、常勤役員２名、常勤職員３名、非常勤６名が日常の業務に携わっています。農業生産については約６haの農地を借り、主に水稲を生産しつつ転作作物としてソバを作付したり、ハウスではオータムポエム（アスパラ菜）を栽培しています。また、圃場での農作業受託として、耕起・代かき４・６ha、田植え４・９ha、収穫９・８haの他、水稲育苗で３２５万円相当、乾燥・調整で１２７ｔ（４６８万円）の作業を請け負っています。地区内にあった共同利用施設の運営をも全て引き継ぎました。また、先述の冬期の高齢者宅の雪降ろし作業、道の駅の施設管理（その中には食堂や農産物直売所の運営も含まれます）、さらには、ＮＰＯ法人と連携して、施設内の和室での高齢者向けの体操教室や参加者への食事提供などのサービスも行っています。

このように、あいポートの活躍が目覚ましい一方で、中山間直払いについては懸念される事態が発生しています。地区内で新たに1つの集落が無住化となる中で、2つの集落が第4期から協定に参加しないことになりました。第2期対策開始時にも1つの集落が離脱しているので、現在では9集落で協定が締結されていることになります。第1期から地区で統合された1つの協定とし、営農委員会、営農組合、個人と3段階で農地の維持・管理体制をつくり、さらには法人が大きな役割を担っているという中山間直払いの優良事例の仙田地区でも、このような困難を抱えているという現実を改めて直視せざるをえません。加えて、あいポートの役員や力仕事を担う人々の年齢構成を聞くと、それ自体も高齢者によって支えられているという側面が浮かび上がってきます。

このような中、当面の新しい展開として構想されているのが、道の駅が「福祉拠点」として2014（平成26）年度選定の全国35カ所の重点道の駅の1つに選ばれ、これによって、同一敷地内に「せんだ元気ハウス」を建築する計画が持ち上がっていることです。冬季は1人での生活が難しい独居の高齢者の共同生活の場として利用してもらい、一方で、冬季以外は農業実習生が活用するという目論見です。果たして実際に、お年寄り達が住み慣れた住居を離れて集団的な生活を営むことになるのか、あいポートの役員から見ても見当がつかないとのことですが、むしろ農業実習生の住居としての活用に期待をしています。「座して死を待たず、何か新しい展開を行いたい」というのが役員の方の言葉でもあります。

（注16）1950年代に地区の一部を分離し、また一部を編入しているので、厳密には旧村範囲と若干のずれがあり

ます。

（注17）仙田地区については、山浦陽一『中山間地域における広域的農地管理―新潟県の「広域型協定を素材に」―』（『日本の農業―あすへの歩み―』№２４１、農政調査委員会、２００７年10月）に詳細な記述・分析があります。

４　小括

以上、中山間直払いに取り組んできた３つの地区を取り上げ、それぞれについて、農地保全活動にとどまらない地域活性化の動きなどについても紹介してきました。ここで、３つの地区のこれまでの取り組みの概要や特徴、課題について整理したものが**表４**です。この**表４**の内容も参照しながら、改めて全体を横断的に概観し、そこから言えることをまとめてみたいと思います。

本章の初めに述べたように、３つの地区は幾つかの共通点を持っています。その中でも興味深いのは過疎・高齢化の進み具合の類似性という点です。ここで、余谷、根知、仙田の各地区の順に、２０００（平成12年）および２０１０年の人口と10年間の減少率、65歳以上人口の割合である高齢化率の推移を示してみましょう。余谷３９４↓２９９人（減少率24・１％）、高齢化率37・１↓44・５％、根知１５２２↓１１７６人（減少率22・７％）、高齢化率35・２↓46・９％、仙田１０７１↓７９４人（減少率25・９％）、高齢化率37・１↓45・６％といった様相で、くしくも極めて似通った数値となっています。余谷地区の場合は豪雪地ではありませんが、３つの地区とも同様の地域課題を抱えているであろうことが想像できます。

表４　３つの地区の取り組み概要と特徴

地区名	大分県宇佐市（旧院内町）余谷地区	新潟県糸魚川市根知地区（根知谷）	新潟県十日町市（旧川西町）仙田地区
中山間直払いの範囲	・旧村の約１／３に相当する谷沿いの９集落 →第４期では７集落	・旧村の上流部の９集落（別に８集落は既に無住化）→第４期から14集落の範囲に拡大	・旧村の12集落（別に２集落は既に無住化） →第４期では９集落の範囲
協定面積	80ha	53ha　→第４期から緩傾斜にも拡大	136ha
特徴的取組	・中山間直払い開始を意識して地域活性化組織を設立 →協定を全体で締結することを目指したが調整つかず（結果、１集落１協定）	・２期目に集落別だった協定を１つに統合 ・全額を共同取組活動へ →圃場整備事業の地元自己負担分へ充当 ・農外企業の展開と協定農用地での耕作	・１期目から１つの協定 →４つの営農組合を設立 →実質、対象農地以外への配分 →専任職員を公募して雇用
地域活性化組織と主な役割	・余谷21世紀委員会 →大分大学生の研修の受け入れ →地区内の温泉施設の管理受託	・いきいき根知恵の会 ・根知プロジェクトＺ行動委員会 ・根知振興協議会 →地域活性化と地域問題解決の陳情団体的役割	・仙田地区開発協議会 ・仙田地域活性化戦略推進協議会 →事務局機能はあいポート仙田へ
農地管理の法人組織	・（農）あまり谷 →中山間直払いの法人化加算対象 →農産物直売所運営（現在、休止） →学生研修用水田（棚田百選）の管理 →解散を検討	・有限会社 →中山間直払いの以前から存在 →近年はＯ建設の別動隊的役割（役員共通） ・㈱Ｏ建設 →特区で参入、条件の悪い農地を引き受け ・酒造会社	・㈱あいポート仙田 →４つの営農組合の補完を企図 →地域マネジメント法人的役割
活動の拠点場所・施設	・余温泉（管理人常駐） ・余谷棚田交流施設（非常駐）	・地区公民館（館長と職員常駐） ・歩荷茶屋（スキー場、温泉・宿泊施設併設） ・おててこ会館（地域文化伝承施設、非常駐）	・道の駅「瀬替えの郷せんだ」（職員常駐）
課題など	・協定が締結できない集落発生 ・法人の解散問題 ・加工品の販売中止 ・臨時直売所の閉店状態	・中山間直払いは今後は個人配分優先の声 ・新たな地域活性化組織の停滞 →役員選出困難化 ・旧根知小学校校舎の活用	・協定からの離脱集落あり ・法人役員や作業人員の高齢化 ・高齢者越冬施設の建設と農業実習生の利用計画

出典：筆者作成。

また、3つの地区とも地区全体として地域活性化の取り組みを行っているという共通性とともに、中山間直払いの対応については相違点も見られました。第1期から今まで集落毎に協定を結んでいる余谷地区、第2期から一本化した根知地区、第1期から1つの協定を結んでいた仙田地区、といった具合です。この対応の違いは、中山間直払いをどのように理解し、地区内での仕組みを構築したかという戦略の違いとも受け止めることができます。

ここで、本著の前段で言及した中山間直払いの持つ2つの側面ということを踏まえつつ、大きく2つの方向性、すなわち1つは旧来からの方法で農地を維持保全するという、いわば「守り」の取り組み、もう1つは地域活性化や持続性のある新たな仕組みづくりという、いわば「攻め」の対応という観点から、事例分析で紹介した3地区の位置づけを考えてみます。それを大局的な観点から、やや大胆に模式図として示したものが**図4**です。

15年以上前に制度が始まった当初、筆者がヒアリングに訪れたある地域の集落協定役員の方の言葉が今でも強く記憶に残っています。それは「ひょっとしたら、この制度は5年で終わりになってしまうかもしれないが、その時に、何か新しい仕組みが残ったと言えるようにしたい」というものでした。「5年間、制度に取り組んではきたけれど、結局は5年前と同じことだったというようにはしたくない」とも言っておられました。さらに、小田切徳美氏は、「同じソフト事業でも、単純な団体補助のように毎年流れ出てしまう『フロー的ソフト事業』と、将来の地域社会システムを革新する『ストック的ソフト事業』（『仕組み革新ソフト』と呼びたい）に分けられる」と指摘しています（注18）。そのような考え方も踏まえて考察したつもりです。

図４　３つの地区の位置づけを示した模式図

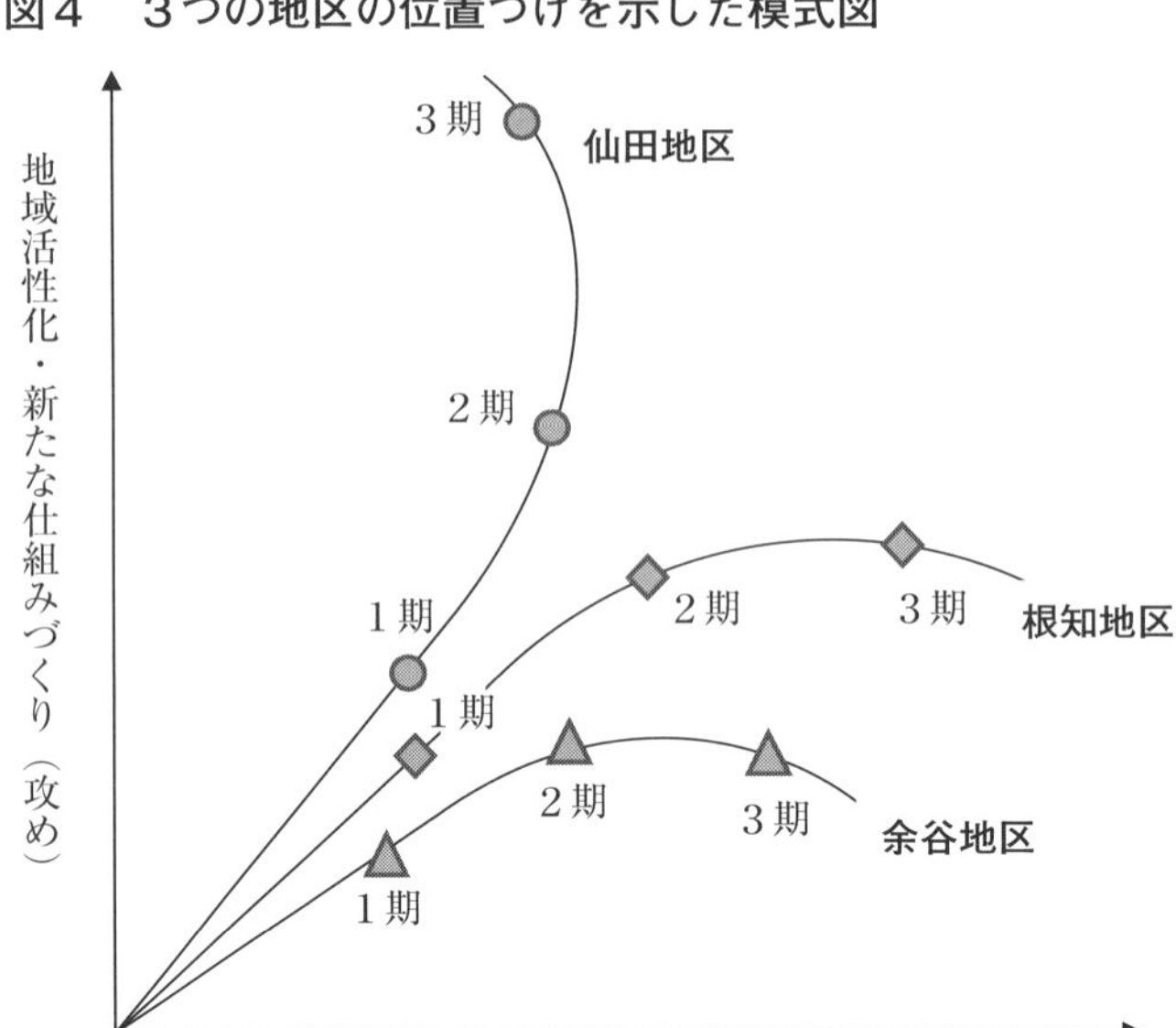

出典：筆者作成。

最初に紹介した余谷地区では、第1期から第2期にかけて地域活性化の動きが活発化し、一方、農地保全の取り組みについては、旧来の方法がとられています。また、近年は地域活性化の取り組みにおいて、やや停滞傾向が見られます。2番目に紹介した根知地区では、第2期対策時から協定を地区で一本化し、かつ交付金の全額を共同取組活動分とするという思い切った対応をとりました。その点で守りと攻めのバランスを指向していたように位置づけられます。ただし現在では、守りの性格が再び強くなっているように思われます。最後の仙田地区は、第1期対策時から協定を1つとし、営農委員会、営農組合、個人という3つの段階で交付金を配分するという画期的な仕組みをつくると同時に、地区の農業全体を統括する営農委員会の役割が事実上、法人に移譲されつつあります。そして、まさに地域の諸事に対応する地域マネジメント法人として活躍していますが、一方で農地保全という側面では、これまでよりも後退しつつあるように思われます。

おそらく、ごく少数ながら、これらの3つの地域の積極的な全ての側面を統合した、まさに優良事例中の優良事例も全国の中にはあろうかと思います。しかし、敢えてこの3つの地区の共通性と相違点を見ることで、教訓的な内容が引き出されるのではないかと考えました。

なお、1点だけ補足しておきたい点があります。これまで3つの地区について、「中山間直払いの実施を期に地域活性化に取り組み始めた」旨のことを述べましたが、確かに現在の動きに直結するものとしては、中山間直払い制度が強く関係していることは間違いありません。ただし、2000（平成12）年度に中山間直払いが始まるまで、3つの地区で地区全体としての取り組みが皆無だったわけでないということは、念のため付け加えておきたいと思います。改めて振り返ると、余谷地区は昔の小学校の分校の範囲であり、根知地区と仙田地区は、いわゆる旧村です。いずれも、地区の人々がアイデンティティを自然に持っていた単位であるということが言えるでしょう。

そのような観点から見た場合、現在でも、それぞれの地区の人々が活動の拠点としている場所や施設があるという点も重要かと思われます。余谷地区では、余谷21世紀委員会が指定管理者になっている日帰り温泉施設があり、地区住民の憩いの場にもなっています。これに加えて近年、その近くに棚田交流施設として和室の広間と料理場を完備した建物が建設され、21世紀委員会の会合などが行われています。それまでは温泉施設を使っていたため、その度に温浴後の休憩室として広間を利用する人に気がねしていました。大分大学の学生が地区を訪問する際にも活用されています。また根知地区においては、公民館がその役割を果たしています。２人の職員が常駐しており、ミニ図書館もある他、最近では定期的にカフェタイムが設けられ、地区の情報全てが集まるところと言っても過言ではありません。仙田地区においては、道の駅に直売所、コンビニ、食堂、地域マネジメント法人の事務所などの諸機能が備わっている他、ＪＡのＡＴＭの移転計画もあるなど、最近話題になっている「小さな拠点」としての役割を持っています。以上のことも付け加えておきたいと思います。

（注18）小田切徳美「改正過疎法の意義と課題」『ガバナンス』ぎょうせい、２０１０年6月号、14～16ページ。

V　おわりに―今後の中山間直接支払制度の見通しと農山村の将来―

おりしも2016（平成28）年3月上旬に、第4期初年度の2015年度の中山間直払いの実施状況の見込みの数値が公表されました。大まかな数値のみで、正確なことは6月下旬の詳細な実施状況が明らかにされるまで言えません。また、これまでも5年間の新しい期が始まった初年度は、前期の最終年度よりも制度の取り組み実績が少し落ち込む傾向が見られたため、より正しくは第4期対策の2年目までの結果を踏まえて評価しなければならないのかもしれません。しかし、現在明らかになっている第4期初年度の取り組み概況から言えることを以下に簡単に整理したいと思います。

まず、新しい期の初年度はいえ、これまでにない面積の減少幅だったということです。第3期最終の2014（平成26）年度の全国での協定締結面積が68万7220haだったのに対し、2015年度の実績の見込みは65万4159haで、4・8％の減少となりました。直接的に地目別の数値が明らかになっているわけではありませんが、県別の数値を見ると、西日本の特に畑（さらには樹園地）の割合が高いだろうと見られる県で減少率が大きくなっています。また、それらの県の中には、1集落協定当たりの面積も減少している県が複数見られます。制度2年目の2017年度に向けて、改めて協定締結や面積の拡大が目指されるものと想定されます。

この点で期待されるのが、地元で一般に認識されている集落範囲を超えて、意識的に複数集落が一緒になって協定を結ぼうという動きです。農水省としても、先に紹介したように加算措置によって、そのような方向性を促進してきましたが[注19]、２０１６年3月上旬に開催された中山間地域等直接支払制度に関する第三者委員会への提出資料によれば、協定の統合や集落間連携をこれまで以上により強く意識しているように見えます。

そのような点から見ても、本著の後段で紹介した3つの事例は大いに参考になるのではないかと思われます。多くは繰り返しませんが、複数集落で対応することによって、これまでよりも高い次元で地域の営農体制を築きつつある根知地区、仙田地区の事例が位置付けられることになります。と同時に、仮に集落が連携して1つの協定として対応することになり、かつ新たな営農組織ができたとしても、それだけで自動的に農地の保全が約束されたわけではなく、仙田地区のように、それでもなお集落協定からこぼれる農地が一定程度発生してもやむをえないと見ることもできそうです。この点については、中山間直払いの交付金を全額、共同取組活動分として数年間に渡って圃場整備の地元負担分に充当してきた根知地区の取り組みが教訓的だと言えます。根知地区の場合には、ハード面での整備という側面もさることながら、そのような協定締結者の合意によって、地域にとって守るべき農地の範囲を明確にしたということが言えるからです。

農山村地域の将来を考えるにあたり、中山間直払い制度が重要な役割を担っているのは間違いないですし、これまで、それなりの効果を発揮してきたことも疑いないと思います。しかし農山村地域には諸課題があり、医療や福祉、教育の面まで含めて、中山間直払いがダイレクトに課題としているわけではなく、万能薬ではないでしょう。重要なことは、営農の継続と農地の維持・保全を目的とする中山間直払いに取り組む中で、地域の将来像についで地域の人々が真剣な話し合いを進め、他の多くの地域の成功例あるいは失敗例にも学びつつ、将来を考え続けることではないかと思われます。もちろん、その際には望ましい方法で都市住民も関与できれば、なお良いことだと言えます。

既に多くの人が語っていることではありますが、筆者が改めて農山村の将来像を描くに当たって、以下のような観点が大切ではないかと整理した10の項目があります（注20）。中山間直払いとは必ずしも全ては結びつかないかもしれませんが、以下、掲げてみます。①適切に森林や農地などの地域資源を保全、②そのことによって多面的な機能を発揮、③安全な第一次産品を適価で供給、④再生可能エネルギー供給の場、⑤美しい景観が保全された安らぎの場、⑥閉鎖的でなく都市住民を暖かく迎え入れる、⑦匿名性をもって人々が生きている都市と異なり世代や性別を超えて個人が尊重される、⑧良好な生活環境、⑨人々の結び付きが強く互いが助け合う、⑩立場や役割を正しく理解し誇りをもって生きている地域住民が住む。

これらのことを少しでも多く実現する、あるいは実現に近づける方向性を持つことが農山村再生の道であり、そのために中山間払いをどのように活用できるのか、改めて考えることが必要かと思われます。都市住民から見ても、上記のような農山村の姿に近づけるために中山間直払いの交付金が活用されているという認識が深まれば、納税者としての理解も得られるのはないかと考えられます。

（注19）農林水産政策研究所『中山間地域における集落間連携の現状と課題—中山間地域等直接支払での複数集落1協定に着目して—』２００９年5月、では詳細に集落間連携や複数集落による協定について分析がなされています。

（注20）橋口卓也「農山村の位置づけ」（小田切徳美編著『農山村再生に挑む—理論から実践まで—』第1章、岩波書店、２０１３年8月）でも記しています。なお、同著には、農山村地域の諸課題の提起・分析と、その解決方向についての多くの論考が収められています。

〈私の読み方〉中山間直接支払制度をどう見るか

小田切 徳美

1 「4期対策ショック」―本書の意義―

2000年度からスタートした中山間地域等直接支払制度は、農業・農村政策の中でも、各方面から評価されている制度である。特に、現場からは「農水省のヒット作」など称されることもある。

しかし、その制度が、第4期対策（2015年度より）になって揺らいでいる。本書でも触れられているように、第3期最終年度（2014年度）と比較して、制度が対応した農地は面積ベースで4・8％、約3万ヘクタールも減少している。これに対して、メディアは「中山間直払制度、高齢化が課題に」（3月18日全国農業新聞、2016年3月18日）と、早速報じている。

著者（橋口氏）も言うように、いままでも5年毎の「期」の切り替え時は、行政的な手続きの必要性から、一時的に面積が減少することがあった。そのため、もう少し事態と内容を見極めるべきであろう。しかし、中山間地域の高齢化はやはり進んでおり、それが要因となり、協定面積が不可逆的に減少したとしても決して不思議ではない。報道でも、「集落協定のメンバーの高齢化や担い手不足が顕在化し、向こう5年間農地を荒廃から守りきれない危機感が高まっている」(日本農業新聞、２０１６年3月24日）と論じられており、「4期対策ショック」と言ってよい状況である。

本書の著者、橋口氏は、この制度にかかわるデータ分析と各地の集落協定の実態調査を積み重ねてきた研究者である（例えば、橋口卓也『条件不利地域の農業と政策』、農林統計協会、２００８年）。本書は、その研究蓄積と経験から、こうした状況の見方に対するメッセージに溢れている。特に、「この制度が中山間地域の地域システムをどのように変革したのか」という視点での検討と実証は、「農山村再生」をテーマとする本ブックレット・シリーズ全体にとって貴重な研究と言えよう。

2　制度の目的と評価視点―「間接的効果」の位置―

本書の前半で、著者は丁寧に制度の成立経緯、事業の詳細、そしてその変遷をトレースする。それは、この制度の概況を読者に伝えようとしているだけではない。そこで意図されているのは、制度の目的の明確化である。

ここでも、それを確認してみよう。農水省の政策評価では、かつて次の4点がこの制度の評価視点とされていた。①耕作放棄地の発生防止、②多面的機能の維持増進、③将来に向けた農業生産活動等の継続的な実施、④集落機能の活性化、である。

このなかで、①、②は本制度が直接の目的とする効果と言える。なぜならば、制度設立時の根拠である食料・農業・農村基本法第35条第2項は、「国は、中山間地域等においては、適切な農業生産活動が継続的に行われるよう農業の生産条件に関する不利を補正するための支援を行うこと等により、多面的機能の確保を特に図るための施策を講ずるものとする」としているからである。これは、制度の政策的なロジックが、〈農業生産の条件不利性補正＝直接支払い〉→〈農業生産活動の継続＝耕作放棄地の発生防止〉→〈多面的機能の確保〉という流れにあることを示している。つまり、①耕作放棄地の発生防止や②多面的機能の維持増進は制度の目的に位置づいている。

それに対して、③、④は必ずしも直接の目的ではない。もちろん、③将来に向けた農業生産活動等の継続的な実施の成果は①につながる。しかし、例えば、集落営農の法人化や認定農業者の確保が各地で必須であるかというとそうではないであろう。いわんや、④集落機能の活性化は、基本法のこの条文にはまったく出てこない。その点で、③、④は政策評価の適切な指標ではないと言える。

この点は、現実の評価プロセスにおいては重要なことである。様々な面で、困難性が高い中山間地域の中で、制度が現実に果たしている機能を丹念に拾い上げることは重要であるが、しかし制度の継続の可否にかかわるような政策評価を制度の直接的な目的以外（間接的効果）にも拡げ、結果として高いハードルを適用することは避けなくてはいけないからである。

けれども、もし仮に制度がその目的を変えるような抜本見直しを射程に入れるのであれば、むしろ、制度の目的を超えて、この政策が中山間地域になにをもたらしているのかを幅広く検討する必要があろう。橋口氏が、本書であえて「直接的効果」以外を前面に出して検討を進めているのは、このような発想によるものであろう。

3　中山間地域の「新たな仕組みづくり」の意味

そこで、筆者が注目するのが、「地域活性化や持続性のある新たな仕組みづくりという、いわば『攻め』の対応」である。その典型的な動きとして紹介されている新潟県十日町市仙田地区では、直接支払制度の取り組みを始めた10年目に地域活性化戦略推進協議会を作っており、地区全体の集落協定を取りまとめる営農委員会だけでなく、その他の地域の組織も加わり、より幅広い地域課題への対応を協議する体制を整えている。これは、集落協定が基礎となり、より広範な地域組織を作りあげたと理解でき、まさに「新しい仕組みづくり」に成功している。

こうした取り組みから想起されるのは、地理学者・宮口侗廸氏の言葉である。氏は言う。「人口が減少し続ける多数の地域では、地域の既存の経済の力をベースに地域社会を受け継ぐだけでは、新しい活力が生まれることはあり得ない。ここでは行政の力も活用して、行き詰まりつつある過去の仕組みとは別の、新しい仕組みを作り出さなければならない。ここに地域づくりという発想が必要になってくる。まず考えられることは、新しい産業の育成、そして生活基盤の整備、人びとを包み込み地域社会の新しい価値づくりという3本の柱である」（宮口侗廸『地域を活かす』大明堂、１９９８年、17～18頁）。

つまり、橋口氏が、直接支払制度の効果として新たに注目しているのは、この制度がなんらかの形で「新しい仕組み」をつくり出す「地域づくり促進効果」に他ならない。

4　直接支払制度見直しの射程

本書後半の3事例は、直接支払いの取り組みとしてはいずれも著名な事例である。解題者（小田切）もそれぞれの地域を複数回訪ねたことがある。そうした事例の15年間の変化を丁寧にまとめている点で貴重な報告と言える。

しかし、そこで定性的に評価されているのは、先の仙田地区以外の2事例は、直接支払制度によっても、その新しい仕組みづくりは前進しなかったという事実である。つまり、農地保全としての取り組みはいろいろ取り組まれているものの、それが「攻めの仕組みづくり」にはつながっていないという。そのために、地域の高齢化とともにこの守りの仕組みも後退してしまう可能性がある。地域の農業内的な守りが、なぜより広範な攻めに転じなかったのか、本書の次の課題として論じられる必要がある。

しかし、著者の主張は、その攻めの取り組みへの発展を直接支払制度が単独に担うべきものと論じているものではなかろう。この点の議論としては、生源寺眞一氏による、次の指摘が的を射ている。「中山間地域農業に対する直接支払いは、必要とされる総合的な施策のうちの一部を分担しているに過ぎないのである。このまま総合的な施策が明確に打ち出されない状態が続くならば、画期的ともいえる中山間地域の直接支払制度は、いわば孤立した政策として、地域社会の後退とともに舞台から退場することになりかねない」（生源寺眞一『農業再建』、岩波書店、2008年、240頁）。

橋口氏の本書における問題提起は、生源寺氏によるこの議論と完全に重なり、総合的な中山間政策とその中における直接支払制度の位置づけの明確化の主張を意味している。その点で言えば、昨今の地方創生をめぐる論議のなかにこの制度が登場しないことは、関係者からもっと問題提起されるべきであろう。

いずれにしても、「4期対策ショック」のなかで、今後のあるべき議論は、例えば、高齢者でも集落協定の締結が可能とするような制度のハードルの緩和という部分的弥縫策ではないことは既に明らかであろう。制度の根幹を含めた大きなものとなることが予想される。

筆致としては決して重たくはない本書では、実はこれだけの大きな問題提起がおこなわれている。本書を契機として、地方創生と中山間地域直接支払制度を結びつけるような広い枠組みの議論が前進することが期待される。

【著者略歴】

橋口 卓也［はしぐち たくや］

〔略歴〕

明治大学農学部食料環境政策学科准教授。1968年、鹿児島県生まれ。専門は、農業経済学、農政学。東京大学大学院農学生命科学研究科中途退学。博士（農学）。

〔主要著書〕

『農山村再生に挑む―理論から実践まで―』岩波書店（2013年）共著、『農業構造変動の地域分析―2010年センサス分析と地域の実態調査―（JA総研研究叢書7）』農山漁村文化協会（2012年）共著、『農山村再生の実践（JA総研研究叢書4）』農山漁村文化協会（2011年）共著、『条件不利地域の農業と政策』農林統計協会（2008年）単著、『中山間地域の共生農業システム』農林統計協会（2006年）共著、など。

【監修者略歴】

小田切 徳美［おだぎり とくみ］

〔略歴〕

明治大学農学部教授（同大農山村政策研究所代表）。1959年、神奈川県生まれ。東京大学大学院農学生命科学研究科博士課程単位取得退学。農学博士。

〔主要業績〕

『農山村再生に挑む』岩波書店（2013年）編著、『農山村は消滅しない』岩波書店（2014年）単著、『田園回帰の過去・現在・未来』農山漁村文化協会（2016年）共編著、他多数

JC総研ブックレット No.16

中山間直接支払制度と農山村再生

2016年5月20日　第1版第1刷発行

著　者◆ 橋口 卓也
監修者◆ 小田切 徳美
発行人◆ 鶴見 治彦
発行所◆ 筑波書房
東京都新宿区神楽坂2-19 銀鈴会館 〒162-0825
☎03-3267-8599
郵便振替 00150-3-39715
http://www.tsukuba-shobo.co.jp

定価は表紙に表示してあります。
印刷・製本＝平河工業社
ISBN978-4-8119-0487-0　C0036

「ＪＣ総研ブックレット」刊行のことば

筑波書房は、人類が遺した文化を、出版という活動を通して後世に伝え、人類がそれを享受することを願って活動しております。１９７９年４月の創立以来、このような信条のもとに食料、環境、生活など農業にかかわる書籍の出版に心がけて参りました。

20世紀は、戦争や恐慌など不幸な事態が繰り返されましたが、60億人を超える世界の人々のうち8億人以上が、飢餓の状況におかれていることも人類の課題となっています。筑波書房はこうした課題に正面から立ち向います。

グローバル化する現代社会は、強者と弱者の格差がいっそう拡大し、不平等をさらに広めています。食料、農業、そして地域の問題も容易に解決できないことが山積みです。そうした意味から弊社は、従来の農業書を中心としながらも、さらに生活文化の発展に欠かせない諸問題をブックレットというかたちで、わかりやすく、読者が手にとりやすい価格で刊行することと致しました。

この「ＪＣ総研ブックレットシリーズ」もその一環として、位置づけるものです。

課題解決をめざし、本シリーズが永きにわたり続くよう、読者、筆者、関係者のご理解とご支援を心からお願い申し上げます。

２０１４年２月

筑波書房

JC総研［JC そうけん］

JC（Japan-Cooperative の略）総研は、JA グループを中心に４つの研究機関が統合したシンクタンク（2013 年４月「社団法人 JC 総研」から「一般社団法人 JC 総研」へ移行）。JA 団体の他、漁協・森林組合・生協など協同組合が主要な構成員。

（URL：http://www.jc-so-ken.or.jp）